CONTRIBUTION A L'ÉTUDE
DE LA RECONSTITUTION DES VIGNOBLES

I.

Les Cépages-Greffons

=== ou Essai ===

d'Ampélographie Vaudoise

PAR

Jean BURNAT
VITICULTEUR À NANT-SUR-VEVEY (VAUD)
ET À VEYRIER-SOUS-SALÈVE (GENÈVE)

I. ANKEN
INGÉNIEUR-AGRONOME

*Ouvrage honoré d'une médaille
de vermeil à l'Exposition Suisse
d'Agriculture à Lausanne en 1910.*

AVEC 16 PLANCHES HORS TEXTE

GENÈVE
GEORG & Cⁱᵉ, Éditeurs
(Maison à Bâle et Lyon)

PARIS
O. DOIN & Fils, Éditeurs
8 Place de l'Odéon, 8

1911.

CONTRIBUTION A L'ÉTUDE
DE LA RECONSTITUTION DES VIGNOBLES

I.

Les Cépages-Greffons
ou Essai
d'Ampélographie Vaudoise

PAR

Jean BURNAT
Viticulteur à Nant-sur-Vevey (Vaud)
et à Veyrier-sous-Salève (Genève)

I. ANKEN
Ingénieur-Agronome

Ouvrage honoré d'une médaille
de vermeil à l'Exposition Suisse
d'Agriculture à Lausanne en 1910

AVEC 16 PLANCHES HORS TEXTE

GENÈVE
GEORG & Cᵒ, Éditeurs
(Maison à Bâle et Lyon)

PARIS
O. DOIN & Fils, Éditeurs
8 Place de l'Odéon, 8

1910.

EXPLICATIONS PRÉLIMINAIRES

AU SUJET DE NOTRE

CONTRIBUTION A L'ÉTUDE

DE LA

RECONSTITUTION DU VIGNOBLE

EN TROIS VOLUMES

Celle-ci concerne surtout les cantons de Vaud, de Genève pour la Suisse, et pour la France la région connue sous le nom de Zône franche, qui est composée des arrondissements de Thonon, Bonneville et Saint-Julien pour la Hte-Savoie, et de Gex pour l'Ain. Nous y relatons, en outre, les résultats d'un champ d'expériences en terrain très calcaire que nous possédons à Clapiers, près Montpellier (Hérault).

Est-ce à dire qu'un viticulteur d'une autre région que les sus nommées ne pourra pas utiliser cette contribution pour reconstituer son vignoble? Nous ne le pensons pas car d'abord des terres semblables à celles de nos champs d'expériences se retrouvent ailleurs, puis, aux chapitres où nous avons examiné les porte-greffes en eux-mêmes, nous y parlons, sans entrer dans des détails, il est vrai, des résultats qu'ils ont donné ailleurs que dans ces régions.

D'autre part, au point de vue climat, des situations analogues à celles de plusieurs de nos champs d'expériences ne manquent pas.

Nous avons donné aux trois volumes les titres suivants :

Vol. I. — *Les cépages greffons* ou *Essai d'ampélographie vaudoise.*

Vol. II. — *Résultats de champs d'expériences de porte-greffes, greffons et producteurs directs.*

Vol. III. — *Résumé concernant les porte-greffes et les producteurs directs.*

Autant pour la commodité du lecteur que pour la clarté de l'exposé, nous avons été amené à scinder cet ouvrage en trois volumes.

Dans le premier, nous étudions les cépa-

ges greffons, cultivés dans les régions sus-
nommées (Vaud surtout) ou à introduire
dans les dites, au point de vue ampélographique et cultural.

Le second volume peut être considéré
comme un guide pour la reconstitution pro-
prement dite. Nous y examinons quels sont
les facteurs auxquels il faut faire attention
lorsque l'on a une vigne à replanter (état
physique du sol, calcaire, calcimètres, traite-
ment de la chlorose, systèmes de taille) et
quels sont les meilleures vignes à employer
suivant tel ou tel type de terre, en exposant
les résultats qu'elles ont donné dans nos
champs d'expériences. Dans ce volume
figurent de nombreuses analyses de terre et
rapports qu'ont bien voulu faire pour nous
MM. Dusserre, Directeur de l'établissement
fédéral de Mont-Calme, et Chavan, son premier assistant, Monnier, professeur de
chimie, à Châtelaine près Genève, Lagatu,
professeur de chimie agricole à l'Ecole
d'Agriculture de Montpellier, et L. Sicard,
chimiste chef à la même école.

Nous remercions ici vivement ces messieurs.

Le troisième volume, que nous considérons plutôt comme un résumé que comme un ouvrage, est consacré à l'étude particulière des porte-greffes et de quelques producteurs directs, en donnant une succincte description botanique des principaux. Nous condensons dans ce volume les résultats de nos champs d'expériences, résultats que nous avons détaillés dans le vol. II.

Les quelques répétitions obligées que l'on trouvera, s'excuseront, nous l'espérons, par le désir qui nous a guidé de rendre ces trois volumes plus ou moins indépendants les uns des autres.

Du resté, ces volumes ne sont pas destinés à être lus d'un bout à l'autre comme un roman, mais à être consultés un jour au vol. II pour savoir ce qu'on doit planter dans telle situation, un autre jour au vol. I pour être renseigné sur un greffon, et encore une autre fois au vol. III pour l'être sur un porte-greffe en lui-même.

Notre incompétence botanique nous a obligé à faire, pour la description des porte-greffes et producteurs directs, de nombreuses citations *in-extenso* empruntées à MM. Ravaz, Gervais, Couderc, Foëx. Nous n'aurions pu mieux faire, estimons-nous, que de nous couvrir de leur haute autorité.

Beaucoup d'autres de ces descriptions sont dues à M. A. Estoppey, ingénieur-agronome, et à M. I. Anken, ingénieur-agronome. Nous nous sommes contenté de donner à ces deux collaborateurs les quelques caractères pratiques qu'ont remarqué à la longue M. Baltzinger, directeur de la pépinière de Veyrier, et nous-même.

En admettant, du reste, que nous ayons pu faire nous-même la description de ces cépages, de multiples occupations d'un autre ordre d'idées ne nous auraient pas permis de les terminer assez vite et ces ouvrages y auraient perdu toute leur actualité.

Nous avons dû introduire au vol. II de nombreuses notes, mais nous ne pensons pas que cette manière de faire présente un inconvénient sérieux, au contraire, puisque le praticien, ou même le petit cultivateur qui n'a pas le loisir d'entrer dans les considérations de détail, pourra n'en pas tenir compte, alors que le spécialiste aura toute latitude de s'y attarder. C'est ainsi que les rapports d'analyses de sols faits par MM. Lagatu et Sicard forment à eux seuls tout l'appendice de ce volume parce que nous estimons qu'il valait la peine de ménager un chapitre à ces rapports d'un si haut intérêt pratique et théorique.

Nous désirons aussi dire au sujet du premier volume (Essai d'ampélographie vaudoise) que nous n'y avons collaboré que par des observations d'ordre général et cultural, tandis que la partie scientifique, la description des cépages ainsi que la rédaction de tout l'ouvrage a été faite par M. Anken, nous lui adressons ici nos plus vifs remerciements de nous avoir permis de mener à chef cette étude.

Au sujet du volume III nous n'oublierons

pas un témoignage de reconnaissance également à M. A. Estoppey qui, non seulement a procédé à des descriptions botaniques, comme nous l'avons vu plus haut, mais qui a bien voulu rédiger, sur nos indications, plusieurs parties de ce résumé et mettre au net le brouillon que nous lui avions confié concernant le dit tome.

Nous remercions ici bien sincèrement aussi M. Gagnaire, ingénieur agricole (E. N. A. M.) actuellement président de la Société d'agriculture de Thonon (H^te Savoie), notre collaborateur il y a quelques années, M. Baltzinger, directeur de la pépinière de Veyrier, M. J.-M. Servettaz (autrefois employé à la pépinière de Veyrier) qui, tous trois, avec beaucoup de dévouement se sont chargés non seulement d'effectuer les pesées et de noter le degré de maturité chaque année, mais qui tous trois ont souvent fait plus d'une observation qui nous a été des plus utiles. Et certes, vu le nombre de cépages expérimentés, cette partie n'a pas été une des moindres de la dite étude.

Qu'il nous soit permis, en terminant, de solliciter l'indulgence du lecteur si quelques négligences et surtout longueurs se sont glissées dans la rédaction des tomes II et III. La pressante actualité du sujet nous a poussé a imprimer presque tels qu'ils furent primitivement rédigés, les manuscrits que nous avons eu l'avantage de présenter au Jury de la Division scientifique de l'Exposition suisse d'Agriculture à Lausanne en 1910. [1]

Jean BURNAT.

---

[1] Le vol. I a été présenté terminé à cette exposition (a l'état de manuscrit).

Le vol. II y a été présenté en entier comme ouvrage en préparation, depuis cette époque il n'y a été fait que quelques additions.

En ce qui concerne le vol. III La partie « producteurs directs » seule a été envoyée à l'exposition, depuis aussi il y a été ajouté quelques notes.

GÉNÉRALITÉS

───

« Il y a tant d'espèces de vignes que nous
« ne pouvons ni en fixer le nombre ni en
« dire les noms avec quelque certitude ; —
« ce serait, dit Virgile, vouloir savoir com-
« bien le vent agite de grains de sable dans
« la mer de Lybie. »

« En effet, chaque contrée, et presque
« chaque partie des différentes contrées, ont
« des espèces de vignes qui leur sont parti-
« culières, et auxquelles elles donnent cha-
« cune un nom à leur guise : il se trouve
« même telles vignes qui ont changé de nom
« en changeant de lieu ; d'autres qui, en
« changeant de lieu, ont aussi changé de
« qualité, de façon à ne pouvoir plus être
« reconnues. Aussi dans notre Italie même,
« sans parler de toute l'étendue du globe,
« des peuples, quoique voisins les uns des
« autres, ne s'accordent-ils pas sur les noms
« qu'ils donnent aux vignes, et souvent il
« arrive qu'ils leur en donnent chacun de
« différents.

Voilà comment s'exprimait Columelle, il y a dix-neuf siècles. Nous n'avons pas la prétention de remédier à cet état de choses, même pour notre seule contrée, d'une façon parfaite et définitive. Il ne rentre pas non plus dans notre intention, ni dans le cadre de cet ouvrage, de nous livrer à des descriptions ampélographiques détaillées, et les différentes considérations qui suivent sont moins le résultat d'investigations scientifiques serrées, que le fruit de recherches essentiellement pratiques.

Pour nos enquêtes dans le vignoble, nous nous sommes adressés aux viticulteurs les plus autorisés. Nous sommes heureux de reconnaître ici l'intérêt que chacun a pris à notre travail et l'inépuisable complaisance que nous avons rencontrée chez tous, tant pour nous fournir de fréquents renseignements que pour nous permettre de constituer les collections indispensables.

Cette colloboration précieuse et efficace nous a montré que ce que nous tentions méritait d'être tenté; cela n'a pas été le moindre de nos encouragements, et l'intérèt sympathique que l'on nous a constamment témoigné restera notre meilleure récompense.

Il a déja beaucoup été fait dans le domaine viticole, et il se fait chaque jour davantage, sous l'influence de nos Etablissements officiels. Est-ce à dire que l'initiative privée doive, ou puisse, demeurer oisive? Nous ne le pensons pas. Il n'y a pas de désintéressement possible aux choses un peu générales et importantes.

C'est une banalité de dire que le vignoble vaudois produit surtout du vin blanc, et que la quantité de vin rouge est extrêmement minime.

La Statistique agricole du canton de Vaud (publiée par le Département du Commerce, de l'Industrie et de l'Agriculture) nous apprend que la production totale a été, en 1908,

de   376.979 hectolitres vin blanc
contre 16.267 hectolitres vin rouge

Ceci revient à dire que, pour 100 litres de vin blanc récoltés, on produit, suivant les années, 4 $^1/_4$ à 4 $^8/_4$ litres de vin rouge. D'où vient cette énorme différence, et pourquoi le vin blanc a-t-il cette suprématie plutôt que le vin rouge? Il ne faut guère en chercher la raison ailleurs que dans la coutume. Nos vignobles ayant été primitivement constitués en cépages blancs, on n'a pas jugé bon de changer; ce n'est pas nous qui nous en plaindrons. La production généralement faible des cépages rouges de bonne qualité, est aussi une cause de leur culture restreinte dans une contrée où l'on a poussé la vigne à des rendements supérieurs.

Quoi qu'il en soit, et sans vouloir le moins du monde favoriser une variété aux dépens d'une autre, nous croyons cependant que les cépages rouges n'occupent pas toute la place qu'ils pourraient occuper. On se borne trop souvent à ne les cultiver que pour l'usage domestique, alors que la production de vins rouges de bonne qualité serait peut-être rémunératrice et susceptible d'avenir.

Les vins de St-Prex, St-Saphorin (Lavaux), Orbe et du district de Grandson, ne jouissent-ils pas déjà d'une faveur méritée?

Enfin, nous ne saurions manquer de signaler le courant qui se dessine, dans la Suisse allemande, quant à la demande croissante de vins rouges. Il se crée actuellement là un marché qu'il importe de surveiller, et le canton de Vaud devra éventuellement entrer pour sa part dans ce nouveau mouvement économique.

Julius Græcinus, au premier siècle de notre ère, donnait ce conseil aux viticulteurs de son temps, qu'à moins de circonstances spéciales exigeant, dans une région donnée, l'introduction de vignes de renom, il fallait plutôt s'attacher à planter des cépages à forte production parce que, disait-il, il y aura toujours moins à perdre sur le prix qu'à gagner sur la quantité.

On a malheureusement, et pendant trop longtemps, à notre avis du moins, suivi ce conseil à la lettre. Aujourd'hui, toutefois, la viticulture semble bien s'orienter plutôt vers la qualité que vers la quantité, partout où cela est possible. L'exemple de certaines contrées, actuellement presque déchues de leur ancienne réputation pour avoir trop sacrifié à la quantité, a produit chez nous un effet salutaire. On sent un effort très réel et général vers le mieux ; car chacun comprend que les vignobles moyens ont intérêt à devenir bons, et que les bons ont intérêt à devenir meilleurs.

A cette tendance, non pas nouvelle mais plus marquée et plus intense que par le passé, est lié le choix des cépages. Sans examiner s'il y aurait lieu de changer quelque chose à nos anciennes variétés, et sans nous prononcer à ce sujet, constatons que la sélection des plants est faite avec un soin bien rare jusqu'alors; elle se poursuit, pour chaque cépage, toujours dans le sens de l'amélioration de la qualité. C'est au phylloxéra que nous sommes redevables de cette sélection rigoureuse, ceci dit sans vouloir le proclamer notre bienfaiteur! La reconstitution du vignoble exige, en effet, malgré les appuis officiels, de lourds sacrifices, et le viticulteur pense que, cette reconstitution étant inévitable, mieux vaut l'exécuter de suite d'une manière irréprochable, en quoi il a profondément raison.

La législation fédérale prévoit, ainsi que chacun le sait, une subvention importante en faveur de la reconstitution en plants américains greffés, des vignobles ravagés par le phylloxéra. Cependant, cette subvention n'est accordée que pour autant que la reconstitution s'opère sur des terrains déjà primitivement en vigne. Cette disposition a été, à tort ou à droit, assez vivement

attaquée par divers gouvernements canto-
naux. Nous ne la relevons ici que parce
qu'elle nous paraît indiquer, chez le légis-
lateur, la préoccupation de ne pas encourager une plantation de vigne dans des
expositions parfois défavorables.

Les anciennes vignes de parcelles plus ou
moins mal situées ne sont pas obligatoire-
ment reconstituées ; aussi bien, si quelque
propriétaire croit posséder un terrain pro-
pice à une nouvelle plantation, il reste libre
de l'utiliser. Il n'y a en aucune manière
prohibition : il n'est question que de sub-
side à recevoir ou à ne pas recevoir.

A notre sens, on ne saurait trop préco-
niser l'abandon pur et simple des vignes
mal exposées, et l'on ne saurait trop préco-
niser et encourager le maintien des vignes
dans les bonnes situations. Celles-là peuvent lutter, elles peuvent faire face à la
crise actuelle ; elles n'ont rien à redouter
de l'avenir. Cette impression devient une
certitude lorsqu'on parcourt nos vignobles
et qu'on entre en contact avec ceux qui les
cultivent.

Chacun sent que ce n'est pas le vin qui
manque sur nos marchés, mais le bon vin.
Celui-là est recherché et le sera toujours

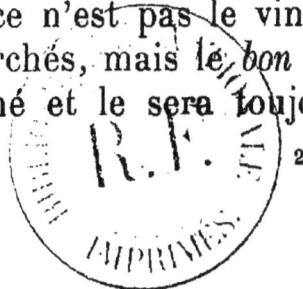

2

davantage ; or, c'est ce vin-là qu'il faut produire. Il ne suffit pas que la renommée seule de quelques crus privilégiés perce dans la masse, il faut que l'ensemble de la production tende à se hausser à leur niveau, afin de rendre impossible toute concurrence par des vins ne supportant pas la comparaison.

ÉTUDE SUCCINCTE

DES

PRINCIPAUX CÉPAGES

DU VIGNOBLE VAUDOIS

Pour cette étude, nous avons largement mis à contribution l'*Ampélographie* de MM. Viala et Vermorel, qui sert de base et de loi à tout travail sur la matière. Nous avons recouru aussi à de nombreux autres ouvrages que l'on trouvera cités dans le texte ou à la table des auteurs. Enfin, nous devons à l'obligeance de M. le Dr Fæs d'avoir pu consulter les collections très complètes de cépages que possède l'Etat de Vaud, à Montriond, près Lausanne.

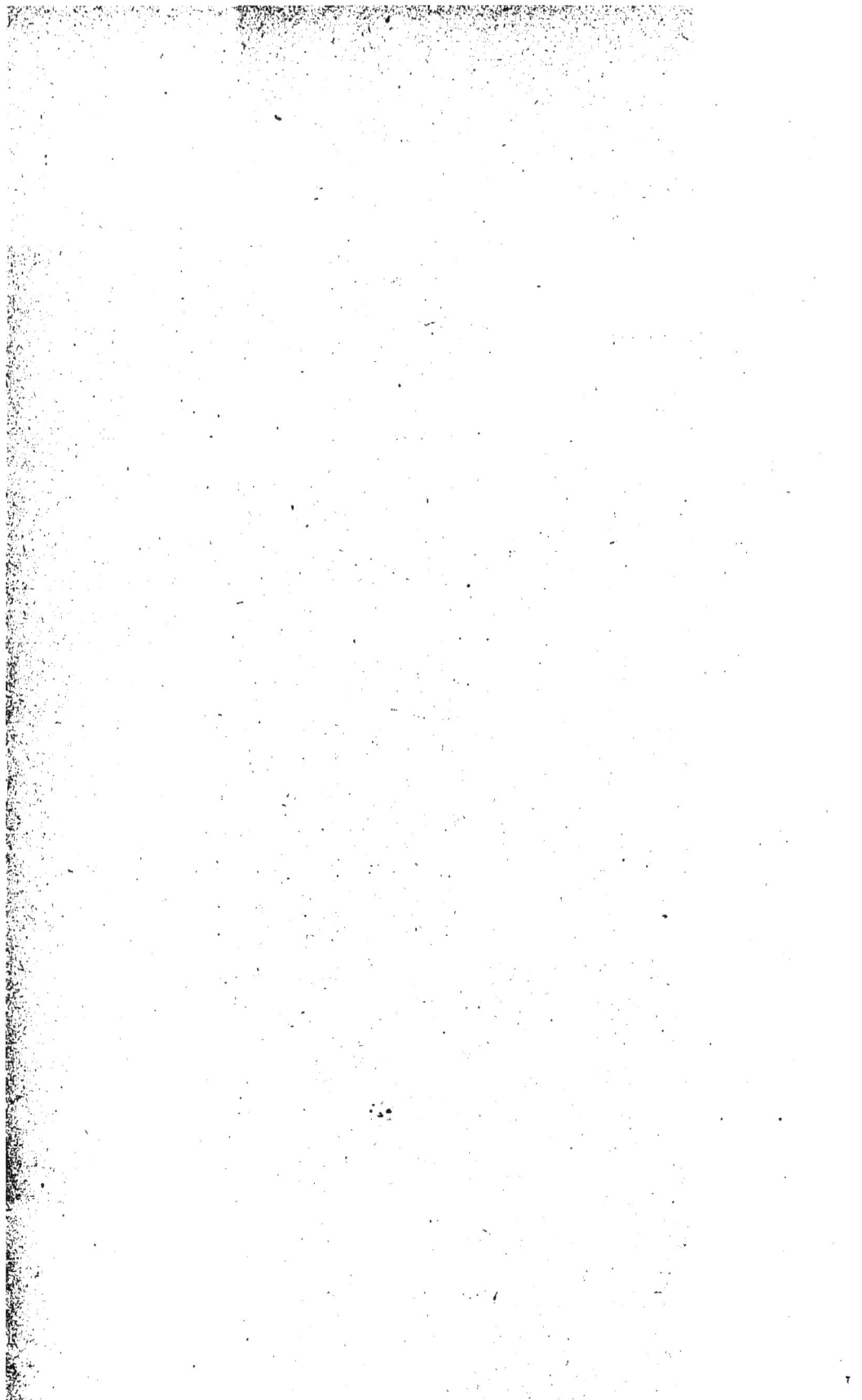

PREMIÈRE PARTIE

CÉPAGES BLANCS

Chasselas doré

Les caractères généraux des Chasselas sont les suivants : baies sphériques, juteuses, d'une saveur sucrée ; maturité précoce ; feuilles rousses ou bronzées dans les premiers temps de la végétation.

Ce sont les Chasselas qui constituent presque exclusivement notre vignoble à vin blanc ; à peine trouve-t-on ici et là, par pieds isolés ou par parcelles extrêmement réduites, des plants d'autres variétés.

Et ce n'est guère qu'en Suisse, Ain et Savoie, ainsi qu'un peu en Lorraine, Alsace et Grand-Duché de Bade, que les Chasselas sont utilisés comme raisins de cuve. Nos voisins de France ont été longtemps avant de rendre quelque justice à ces cépages considérés, chez eux, comme excellents pour la table mais inférieurs pour la cuve[1]. Ils ont fini par leur reconnaître pourtant une certaine valeur, et l'on peut lire dans la *Chronique agricole du Canton de Vaud*, de 1891, page 73, une réhabilitation complète de nos Chasselas. MM. Viala et Vermorel, dans leur *Ampélographie*, tome II, disent à ce propos :

« En Suisse, les coteaux bordant le lac
« Léman sont à peu près uniquement com-
« plantés en Chasselas ; il y est cultivé,
« sous les noms de Fendant roux et Fen-
« dant blanc, pour la vinification. Quoique,
« d'une façon générale, les vins de Chasselas
« soient plutôt médiocres, mous et sujets
« à tourner au gras, ceux d'Yvorne (canton
« de Vaud) jouissent d'une réputation méri-
« tée. » *(E. et R. Salomon.)*

Si nous avons touché ce sujet, c'est que nous avons entendu exprimer l'avis que certaines de nos régions viticoles pourraient, *en choisissant des cépages appropriés*, arriver à produire des vins rivalisant avec les grands crus étrangers. Cette appréciation, extrêmement flatteuse, ne nous a pourtant pas séduits outre mesure. Avant que de changer

---

[1] Il donne cependant à Pouilly, dans le Mâconnais, un vin très capiteux et fin.

nos cépages, dont les qualités et les défauts nous sont connus, contre d'autres, peut-être excellents mais qui ne nous sont pas familiers, l'hésitation nous semble permise. Une telle entreprise serait des plus aléatoires, même dans nos meilleures expositions. C'est abandonner de gaîté de cœur une réputation acquise pour une réputation à acquérir. Ce que nous voulons, c'est obtenir des vins de plus en plus réguliers comme qualité et augmenter, autant que faire se peut, le renom de nos vignobles, mais nous renonçons à courir les risques d'un succès peut-être chimérique et certainement onéreux.

L'essai mériterait d'être fait sur une surface restreinte, dans l'une de nos meilleures expositions, mais qui le voudra faire?

Il y a aussi à envisager, dans la production des vins de luxe tels que ceux des grands crus français, la question de la clientèle. Nous sommes ici dans une situation de richesse moyenne ; le produit de grande consommation sera donc un produit de prix moyen. L'obtention de vins supérieurs ne pourra jamais être chez nous que tout à fait accessoire, de même que la vente des vins à très bas prix : dans ces deux extrêmes nous nous heurterons à la concurrence de contrées infiniment mieux placées que nous. Ainsi, ce qui pourrait être un succès au point de vue production, risquerait d'être un cruel échec au point de vue économique.

L'observation a amené, depuis fort long-temps, le viticulteur à choisir ses cépages de façon à obtenir les meilleurs produits possibles soit comme qualité, soit comme quantité. Il a distingué ainsi dans le *Chasselas doré*, qu'on donne comme type, des sous-variétés qu'il a améliorées et fixées par sélection.

C'est à dessein que nous n'avons parlé jusqu'ici que de « Chasselas » et non de « Fendants ». *Fendant* est une appellation locale, bien appropriée dans certains cas, mais qui prête parfois à confusion. En effet, nous verrons que tous nos Chasselas ne présentent pas au même degré ce caractère des fendants qui est de *se fendre sans s'écraser lorsqu'on presse entre les doigts une baie mûre*. De plus, le nom de Fendant ou Gros fendant ou Fendant vert est souvent appliqué au *Rauschling*, par exemple dans le Valais.

Donc, gardons le nom de Fendant pour ceux de nos Chasselas qui sont des fendants caractérisés, et, pour le reste, attachons-nous à donner à chaque cépage son nom véritable. Ce sera là un moyen de nous rendre intelligibles à chacun, en évitant des confusions parfois regrettables et toujours ennuyeuses.

Fendant roux

Il semble bien que tous les auteurs soient d'accord pour dire le Fendant roux identique au Chasselas doré, dont voici *in extenso*, d'après MM. E. et R. Salomon dans l'Ampélographie Viala et Vermorel, la description très complète :

« *Souche* vigoureuse, à port rampant ;
« tronc de grosseur moyenne ; écorce en
« fines lanières peu rugueuses, d'un brun
« fauve et terne.

« *Bourgeons* courts, gros, à bourgeonne-
« ment glabre ou presque glabre, légère-
« ment teinté de grenat ; — jeunes feuilles
« glabres, à coloration très particulière d'un
« brun doré et luisant, minces, à dents
« assez détachées ; caractères constants sur
« les extrémités des rameaux de tout âge.

« *Rameaux* de longueur et de grosseur
« moyenne, droits, peu ramifiés, d'un vert
« jaune clair, peu nuancés de rose vers les

« extrêmités à l'état herbacé, d'un roux
« fauve à l'aoûtement, plus foncé sur les
« parties exposées à la lumière ; — méri-
« thalles longs, cylindriques, finement et
« vaguement striés, glabres, non pruineux ;
« bois plutôt tendre, d'un vert clair à l'inté-
« rieur ; moëlle abondante, foncée ; —
« nœuds assez forts, courts ; diaphragmes
« peu épais, plan-concaves ; — vrilles fortes,
« longues, bifurquées.

« *Feuilles* moyennes ou sur-moyennes, un
« peu plus longues que larges, suborbicu-
« laires, minces, un peu ondulées sur les
« bords, quinquelobées ; sinus latéraux su-
« périeurs toujours peu creusés, sinus laté-
« raux inférieurs plus profonds ; sinus pé-
« tiolaire étroit et presque fermé ; — face
« supérieure glabre, d'un vert pâle un peu
« luisant ; — face inférieure d'un vert à
« peine plus clair, peu pubescente sur les
« nervures et à poils courts et droits ; —
« dents larges, obtuses et arrondies, quel-
« quefois subaiguës, à mucron jaunâtre ;
« — nervures d'un vert plus clair, larges et
« aplaties, ou peu proéminentes sur le limbe
« qui est plan. — Pétiole long, grêle,
« glabre, rosé, à angle presque droit avec le
« limbe. — A l'époque de la défeuillaison,

FENDANT ROUX

« et, dans les régions septentrionales, lors
« de la maturité du fruit, les feuilles sont
« marbrées de fauve et de brun fauve.

« *Fruits.* — Grappes moyennes ou sur-
« moyennes, coniques ou cylindro-coniques,
« rarement aileronnées, compactes ou lâches
« suivant le sol, l'âge du cep et la tempé-
« rature au moment de la floraison ; pédon-
« cule de force et de longueur moyenne,
« parfois long, subligneux à son insertion ;
« pédicelles assez longs, grêles, à large bour-
« relet peu épais, assez adhérents aux
« grains ; pinceau court. — *Grains* moyens
« ou sur-moyens (ceux surtout des grappes
« ciselées) sphériques, réguliers de grosseur
« dans la même grappe, à peau fine quoique
« ferme et résistante, passant du vert clair
« au blanc verdâtre, puis au blanc un peu
« ambré et translucide, taché de roux doré
« du côté exposé au soleil ; chair molle ou
« croquante, suivant la nature du sol, l'âge
« du cep et sa charge, juteuse et fondante,
« à saveur simple et sucrée et des plus agré-
« ables; graines de deux à quatre par grain,
« plutôt petites et ramassées, à bec assez
« court, de coloration foncée. »

— On reconnaîtra le Fendant roux à ces

caractères, on y reconnaîtra aussi le Fendant vert et la Blanchette, MM. Viala et Vermorel donnant effectivement comme synonymes de Chasselas doré, les Fendants roux et vert, ainsi que la Blanchette. Nous ne nous refusons pas à rattacher ces trois cépages d'une façon plus ou moins étroite au Chasselas doré mais, quant à la Blanchette, nous verrons qu'elle se distingue nettement des Fendants roux et vert, et forme un type bien défini. La grande querelle dans laquelle nous avons maintenant à prendre position est celle du Fendant vert et du Fendant roux. Est-ce la même chose ou est-ce différent ?

On peut admettre, comme hypothèse, que ce fut primitivement la même chose, mais actuellement, et depuis longtemps déjà, c'est différent.

Le Fendant roux a une végétation qui sans être précisément plus faible que celle du Fendant vert, s'en distingue par un aspect plus délicat. Sa production est aussi moins forte, d'où son élimination de certains vignobles tels que ceux de la Côte et Genève, partout où la perte en quantité ne se trouve pas compensée par le gain sur la qualité de la récolte, c'est-à-dire par un prix de vente plus élevé. Dans les très bonnes situations, c'est alors le contraire qui se produit et l'on recherche le cépage le plus fin, malgré la faiblesse du rendement.

On a voulu voir dans la coloration dorée des grains le seul effet de l'exposition, mais, toutes choses égales, on distinguera partout et toujours le Fendant roux du Fendant vert par l'allure générale différente. Pour beaucoup, notre Fendant roux serait très semblable au Chasselas de Fontainebleau, ce dernier ayant peut-être des feuilles un peu plus découpées.

Nous lisons dans le *Traité sur la culture de la vigne,* par J[n]-L[s] Blanchoud, de Vevey, (1851)[1] : « Quant aux différents plants, le « fendant roux est celui qui convient le « mieux généralement à la variété du sol ; « le vin qu'il donne est vif. — Le fendant « vert est assez d'un grand produit, mais « il demande d'être placé dans les vignes « chaudes et abritées ; pour que le sarment « soit solide il faut le tailler un peu éloigné « du bouton ; le vin qu'il donne demande « d'être transvasé deux fois de bonne heure « au printemps. »

---

[1] Lausanne, imprimerie Corbaz et Robellaz, 1851.

Voila, dans un langage naïf, des choses qu'il était intéressant de relever. On voit qu'il est fait ici une distinction très nette entre Fendant roux et Fendant vert ; on n'a pas songé un seul instant à les confondre. Autre cloche, autre son. M. G. Fœx, dans son *Cours complet de viticulture* (1895) [1] s'exprime ainsi à propos du Chasselas doré :

« Grains assez gros, sphériques, tantôt
« verts, tantôt d'un jaune roussâtre du côté
« exposé au soleil (ce qui a donné lieu à
« l'idée qu'il existait plusieurs variétés de
« *Fendants* en Suisse), juteux, à peau fine,
« moyennement sucrés et d'une saveur agré-
« able. »

Et pourtant il y en a deux !

La grappe du Fendant roux est plus arrondie et un peu plus lâche que celle du Fendant vert, elle est peu ou pas *épaulée* (ailée), le grain est moins juteux, la feuille plus petite et généralement plus découpée. Enfin, le Fendant vert paraît en tout point plus rustique, et c'est le plus productif des deux mais non pas, peut-être, le meilleur.

[1]) **Paris, G. Masson, libr. édit., 1895**.

Le Fendant roux est particulièrement cultivé à Aigle, Yvorne, Villeneuve, dans le Dézaley et toute la région de Lavaux ; il est alors toujours associé à la Blanchette, ainsi qu'à quelque peu de *Plant du Rhin* (le plus souvent le Sylvaner).

Aux environs de Vevey, le Fendant roux est en mélange constant avec le Fendant vert. Dans Lavaux, on ne fait pas de différence entre ces deux cépages, le Fendant vert étant exceptionnel, de même dans le Valais où l'on n'a que le Fendant roux, leur Fendant vert n'étant pas un Chasselas mais le Rauschling, ainsi que nous avons déjà eu l'occasion de le dire.

Fendant vert

Les caractères du Fendant vert ressortent de ce que nous venons de dire à propos du Fendant roux. Il constitue le fond des vignobles de la Côte, Genève, de la Savoie et du Pays de Gex.

Dans ces deux derniers départements, M. le Dr Guyot le différencie du Fendant roux. (*Etude des Vignobles en France.*)

Les vignobles qui ne peuvent pas économiquement fournir des vins de qualité avec le Fendant roux, se trouvent bien d'un mélange avec le Fendant vert. Ils arrivent ainsi à une moyenne de production et de qualité telle qu'elle leur permet de retirer de leur récolte un prix avantageux.

Le Fendant vert a été soumis, comme tous les autres cépages, à une sélection en vue d'une amélioration progressive de ses qualités essentielles, et, depuis une cinquantaine d'années, il a été créé, à Vinzel, une nouvelle variété de Fendant vert, dite Fendant de Vinzel, ou Fendant gris.

Fendant gris

Le Fendant gris ou Chasselas de Vinzel, comme on l'appelle encore, s'est acquis droit de cité. L'Ampélographie de MM. Viala et Vermorel le considère, en effet, comme spécial. La feuille est un peu plus grande et plus verte que celle de la Blanchette dont nous aurons à parler plus loin ; il est aussi plus vigoureux, quoique de temps à autre, au printemps, il manque un courson par suite des gelées. Il est différent du Fendant vert en ce que sa grappe, plutôt plus grosse, a

FENDANT VERT

Fendant Vert
Gaylor

des grains colorés en roux grisâtre et tachés de nombreuses lenticelles grisâtres.

Son rendement est égal à celui du Fendant vert. On lui reproche cependant une certaine tendance à la coulure, lorsqu'il est greffé sur vignes américaines, mais ceci ne semble provenir que d'une taille trop sévère qui le laisse s'emporter à bois. Il est très recherché pour la reconstitution des vignobles de la Côte et Genève où il tend à supplanter le Fendant vert. Il est de maturité précoce, comme tous nos chasselas, mais cependant un peu plus tardif que le Fendant roux.

Tous ses grains se fendent (ou *doivent* se fendre) sous la pression des doigts, mais ce caractère ne semble pas aussi constant qu'on pourrait le croire, et nous avons vu des Fendants, dits de Vinzel, ne pas se fendre. Ayant voulu éclaircir ce point, il est résulté des renseignements obtenus qu'il se vendrait beaucoup de Fendants qui n'ont de Vinzel que l'étiquette. L'une des personnes les plus à même d'être documentées sur cette particularité, nous a affirmé que *le véritable Fendant gris est très difficile à trouver maintenant*.

Nous pensons devoir communiquer à nos

3

lecteurs cette constatation inattendue. Chacun fera bien de vérifier, d'après les caractères décrits plus haut, s'il se trouve bien en présence du Fendant de Vinzel lorsqu'il aura à se procurer ce cépage.

Blanchette

Quoique MM. E. et R. Salomon donnent, dans l'Ampélographie Viala et Vermorel, *Blanchette* comme synonyme de Chasselas doré, on trouve, au tome VII de la dite Ampélographie, une note de M. A. Berget la différenciant des autres Fendants, ou Chasselas, cultivés pour la cuve dans la Suisse romande.

Nous avons entendu donner à la Blanchette le nom de *Chasselas suisse*; quant à nous, nous souscririons volontiers à cette appellation, cela éviterait de la confondre avec la Blanchette du Valais qui est la Folle Blanche, et avec la Blanchette de Savoie qui est la Mondeuse blanche.

On distinguait autrefois, chez nous, la grosse et la petite Blanchette. C'est la petite qui est recherchée et c'est aussi la seule qui semble subsister actuellement. Voici ce

qu'en dit Reymondin dans son ouvrage de
l'*Art du Vigneron*, datant de 1798 :

« La petite Blanchette est ainsi nommée
« à cause que le sarment et les feuilles sont
« blanchâtres.

« C'est le plant qui produit le plus quand
« il fait chaud à la passée, c'est-à-dire lors-
« le raisin noue, ou se forme, après la flo-
« raison : on doit le planter dans les terres
« noirâtres qui ne sont pas fermes, parce
« qu'il ne pourrit pas facilement et que ces
« terres-là y sont sujettes. »

S'il est un cépage facilement reconnaissa-
ble, c'est bien la Blanchette. Sa végétation est faible, les bois arrivent à peine au
niveau de l'échalas ; les sarments sont plats,
à entre-nœuds (mérithalles) courts, à écorce
mince et assez fortement striée, tachée de
blanc; les bois ne sont jamais aussi mûrs (août-
tés) à leur extrêmité que ceux des Fendants,
et ces extrêmités gèlent en hiver, ce qu'on
peut constater lors de la taille, au printemps.
Les feuilles sont plutôt petites, ternes, à
cinq lobes et à denture peu aiguë. Les grappes sont cylindriques, non épaulées (ailées),
peu serrées, attachées haut sur les rameaux ;

elles sont plus courtes et plus larges que celles du Fendant vert. Les grains sont ronds, juteux et savoureux, et prennent à maturité une coloration jaune cire particulière ; ces grains se fendent assez généralement sous la pression des doigts, mais ce caractère est très variable de sorte qu'on ne peut ranger la Blanchette dans les *Fendants*. On voit, par ce qui précède, que la Blanchette possède des caractères bien personnels ; c'est un très bon cépage, à production peut-être un peu inférieure à celle du Fendant vert, mais plus régulière. Cependant, dans les terrains à sous-sol humide, on lui reproche une tendance à la coulure. Bien que d'une végétation plutôt grêle, elle est très robuste et résiste mieux que le Fendant vert au gel partiel des souches. La qualité du vin est bonne, pourtant d'aucuns pensent que le vin des Fendants serait d'une conservation plus facile. Comme personne n'en a fait l'expérience probante, c'est là une hypothèse gratuite. Nous avons dit que les grains de la Blanchette avaient la propriété d'être fendants. Ce fait semble indiquer une qualité supérieure car cela donne à penser que la pellicule du raisin est fine, ce qui permet une action plus énergique

BLANCHETTE

des rayons solaires. C'est là, du moins, l'opinion de quelques viticulteurs, et l'on nous a même dit que l'idéal serait une reconstitution du vignoble en Blanchette à grains fendants.

Il est bon cependant d'être prudent, car qui nous prouve que l'amincissement de la pellicule du raisin n'est pas corrélatif d'une diminution de la teneur en tanin, d'où difficulté dans la conservation du vin ? C'est là un point délicat et qui mériterait d'être étudié par des personnes qualifiées.

La Blanchette coule et pourrit moins que le Fendant vert, et s'adapte très bien aux divers porte-greffes américains. Ces qualités la font sélectionner beaucoup pour la reconstitution du vignoble, surtout dans la région d'Aigle et du Dézaley.

Nous relevons, dans le *Journal d'Agriculture suisse* du 3 mars 1908, un article sur la Blanchette signé A. M., disant :

« Ce plant convient surtout aux sols pier-
« reux, secs et durs du Dézaley Lanciau,
« où le Fendant résiste moins facilement.
« Aujourd'hui encore, c'est la Blanchette
« qui donne aux vins vaudois du Dézaley son
« cachet spécial de finesse suave et quasi

« incomparable, alcoolique, gris, facile à
« conserver, quoique dans les années humi-
« des et froides le moût du Fendant soit
« plus agréable. »

D'autre part, nous extrayons du *Mémoire
sur la culture des vignes de la Côte*, par
M. A. Baup, de Nyon, visiteur juré, (mémoire discuté à Mont le 15 février 1818) :

« Celui (le plant) auquel les vignerons
« éclairés de la Vaux paraissent accorder la
« préférence est le Fendant vert ; le plant
« nommé la Blanchette, qui a été préféré
« longtemps, se couvre de grappes dans les
« premières années, mais vieillit rapide-
« ment, et finit, suivant l'expression des
« vignerons de la Vaux, *par ruiner le fils
« après avoir enrichi le père.* »

On reproche, en effet, à la Blanchette
de s'user vite en produisant beaucoup, mais
nous ne doutons pas que, par un choix judi-
cieux, on n'arrive à remédier en partie à cet
inconvénient.

Enfin, ce cépage est intéressant par le
rare assemblage de deux qualités qui souvent s'excluent l'une l'autre : la forte production et la grande qualité du produit.

Giclet

Durant tout le temps que nous avons passé à parcourir le vignoble, nous nous sommes constamment heurtés à la confusion qui existe entre la Blanchette et le *giclet*, confusion de nom sinon d'objet. Ailleurs, à Vevey, par exemple, c'est le Fendant gris qui est appelé giclet.

Le nom de *giclet* s'applique aux Chasselas non Fendants, c'est-à-dire à ceux dont la pulpe s'expulse en un *jet* par le point d'attache, lorsqu'on presse la baie entre les doigts (grain dit *foireux*, suivant l'expression locale).

Il s'agit donc de différencier le giclet de la Blanchette et des Fendants.

Tout ce qu'on peut dire c'est qu'il est d'apparence plus rustique, à feuilles grandes, le plus souvent entières, parfois asymétriques.

Nous ne serions pas éloignés de penser que ce Giclet (dit aussi parfois Biclet) ne serait que l'ancêtre de nos Fendants, duquel ils seraient issus par sélection, ou encore que ce ne serait qu'un Fendant dégénéré. De fait, lorsqu'on passe dans les vignes

avant la vendange, afin de marquer les ceps
pour la sélection, on remarque plusieurs
degrés dans l'aptitude des grains à se fendre, tel croque franchement sous la dent,
tel autre beaucoup moins, tel autre pas du
tout, et ceci, sans qu'on puisse établir de
différences certaines dans la végétation de
ces divers types. Il semble que le caractère,
pour un raisin, d'être fendant soit un caractère acquis, et pouvant se perdre ou renaî-
tre par le choix des individus. Ainsi, lorsque
ces variétés sont poussées chacune à leurs
caractères extrêmes, elles sont facilement
différenciées, mais abandonnées à elles-
mêmes leurs différences ne tardent pas
à s'atténuer et, pour quelques-unes, à disparaître.

Le Giclet n'est pas sélectionné pour la
reconstitution; nous ne voulons pas dire que
ce soit un tort, mais il y a lieu de se souve-
nir ici de ce que nous écrivions plus haut, à
propos de la teneur en tanin de nos vins de
Chasselas. Nous nous demandons si, en
poussant *trop loin* la sélection dans le sens
d'un vin alcoolique, on n'arriverait pas à
une proportion trop faible de cet élément.

Le reproche qu'on fait quelquefois à nos
vins est d'être sujets à la graisse ; nous de-

vons donc porter notre attention de ce côté, et c'est là que les mélanges de cépages peuvent jouer un rôle. Peut-être que, dans certains cas, mettre quelques pieds de Giclet au milieu des Fendants serait d'une saine pratique et atténuerait une tendance qui, autrement, pourrait se changer en défaut.

Chasselas de Meyrin

Nous croyons devoir reproduire ici la note de M. A. Berget dans l'Ampélographie Viala et Vermorel, encore que nous n'ayons jamais entendu parler de ce cépage, ni dans le canton de Vaud, ni à Meyrin (localité genevoise) où il n'y a du reste que fort peu de vignes et non pas des meilleures.

« CHASSELAS DE MEYRIN. — *Variété de* « *Chasselas ou gros Fendant, peu répandue dans* « *le canton de Vaud ; grappe plus rameuse et* « *moins serrée ; même feuille coriace de teinte* « *vert franc.*

Serait-ce peut-être notre Giclet ? La question reste posée.

Côte rouge

Voici quelque chose qu'il ne faut pas confondre avec les Côts, dont l'un est parfois appelé « Côte rouge ». Notre *Côte rouge* n'est pas, à vrai dire, un cépage spécial, c'est un accident.

On remarque, après les gelées, certains ceps qui émettent des bois peu nombreux, veinés de rouge, et à entre-nœuds éloignés. Les grandes feuilles sont nettement trilobées ; les petites sont souvent entières ; toutes sont à dents bien marquées et aiguës. Le raisin, quand il y en a, pousse comme une vrille, c'est-à-dire que le grappillon (car il n'y a jamais une grosse grappe) possède un long pédoncule contourné. C'est la Côte rouge. On voit aussi, dans les prés nouvellement convertis en vigne (les « palluds » en terme local), que les ceps poussent en côte rouge et ne reviennent plus à leur allure primitive, cela pendant dix, vingt ou trente ans. Chaque pied a de grandes racines sans chevelu, et les récoltes sont nulles.

Le plus souvent, cependant, la côte rouge est un accident passager et qui disparaît l'année après s'être produit.

On évite avec raison de prélever des greffons sur la Côte rouge.

Chasselas rose royal

Appelé parfois Chasselas rose d'Italie, le Chasselas rose royal est souvent désigné, dans nos régions, *Malvoisie*. Il est connu sous ce nom dans les environs de Coppet, Orbe, etc., et ceci bien à tort. On lui donne aussi le nom de *Grec*, à Aigle, par exemple, ou de *Rosa*, à Genève ou en Savoie.

Il va bien sans dire que le terme de Grec, appliqué au Chasselas rose, est faux dans le cas particulier, car il y a de nombreux cépages appelés « Grecs » et qui ne sont pas des Chasselas. Exemples : le Grec rouge, dit aussi Rossoli, et qui ressemble assez au chasselas rose ; l'Aramon, dit Grec noir ; le Pinot gris, baptisé quelquefois Grec. Enfin, les Italiens ont aussi une collection de « Grecs » pas mal touffue.

Le Chasselas rose a joué chez nous un certain rôle, il y a quelque vingt ou trente ans. A la Côte, il a constitué des vignes entières dont plusieurs subsistent encore. Cependant, il est en très forte diminution et on

ne le trouve en général plus qu'à l'état de
pieds isolés. On ne sait trop pourquoi il se
répandit en certains endroits avec une telle
abondance, ni pourquoi, maintenant, il est
si complètement déchu. Chacun le recon-
naît productif et donnant un vin de bonne
qualité ; en outre, ses grappes un peu lâches
résistent bien à la pourriture. Tout cela ne
l'empêche pas de disparaître de nos vignobles avec la même rapidité qu'il y était entré.

Le Chasselas rose est analogue, sauf la
couleur du grain, au Fendant vert. M. V.
Pulliat dans ses « *Descriptions et synonymies
de mille variétés de vigne* » donne le Chasselas rose royal comme identique au Chasselas doré, et se teintant de rose seulement
au moment de la maturité. Cette manière
de voir est tout à fait la nôtre, encore que
MM. Viala et Vermorel donnent Chasselas
rouge et Fendant rose comme synonymes,
en Suisse, du Chasselas violet dont nous
allons parler.

Chasselas violet

Le Chasselas violet, appelé parfois Fendant violet, ou Chasselas rouge, ou Lacryma

Christi, dans le Piémont, ainsi qu'à Neuchâtel et Vaud, se différencie du Chasselas rose en ce que ses feuilles sont d'un rouge plus foncé que celles des autres variétés, et que leur pétiole se colore en rouge-violet jusqu'à la base des nervures. Ses grains, aussitôt noués, sont d'un violet pur qui va s'atténuant juqu'au violet-rose transparent pour se foncer à nouveau au moment de la maturité.

Le Chasselas rose, par contre, reste vert clair durant toute la période de croissance, et ce n'est qu'à l'automne que les grains prennent leur teinte rose caractéristique.

C'est dans le vignoble neuchâtelois que le Chasselas violet est le plus répandu. Ce cépage, très rustique, a la propriété de pousser des fruits, après la gelée, sur les rameaux issus des bourgeons de la base des coursons.

Le Chasselas violet, à raisins sucrés et savoureux, est cultivé en France pour la table. On le considère comme très résistant aux maladies cryptogamiques. Dans le canton de Vaud, le Chasselas violet n'existe pour ainsi dire pas, sauf de minimes surfaces aux environs de Vevey. Il en a été introduit depuis peu dans certaines régions, à

Orbe, par exemple, par la Station Viticole de Lausanne. Ce cépage pourrait être appelé à jouer un certain rôle suivant l'orientation future de notre viticulture.

Disons encore, en terminant, que le nom de Lacryma Christi appliqué au chasselas violet est absolument impropre. Ce terme de Lacryma Christi est donné aux cépages les plus divers, depuis la Marsanne, dans le Valais, et divers raisins blancs de la Toscane, jusqu'au Teinturier mâle de Seine et Marne. Il y a donc intérêt à préciser et à ne conserver que le nom de Chasselas violet pour désigner ce cépage.

Vermentino

Dans le vignoble des Faverges (Lavaux), on nous a montré un cépage dit *Malvoisie*, que nous n'avons pas pu identifier en toute certitude. Il nous paraît très semblable (sinon absolument) à la Malvoisie à gros grains ou *Vermentino*. C'est un raisin de table plus qu'un raisin de cuve et ses qualités pourraient en faire étendre la culture.

C'est un plant vigoureux, à sarments jaunes, plus foncés vers les nœuds, et un peu aplatis, fortement striés, à moëlle très réduite ; les entre-nœuds sont moyens ou courts ; les feuilles grandes, d'un vert pâle, à nervures brillantes ; les dents sont aiguës, grandes, et en deux séries ; les lobes, au nombre de cinq, sont nettement séparés par des sinus dont les deux supérieurs sont profonds. La grappe est moyenne, peu serrée, de belle apparence, à gros grains ellipsoïdes d'une coloration gris légèrement violacé.

On reproche au vin du Vermentino un goût peu agréable, et, en Corse, on le mélange toujours à un vin d'autre cépage. Nous ignorons si ce reproche est fondé en ce qui concerne cette Malvoisie de Faverges, mais ce cépage nous a paru intéressant car il pourrait se cultiver comme raisin de table.

Le Vermentino doit être traité en taille courte. La taille longue lui a été appliquée et sa fructification a été ainsi augmentée, mais au détriment de la qualité des raisins.

Plant de la Roche

A propos de ce cépage, M. A. Berget, actuellement Directeur de l'Enseignement à

l'Ile de la Réunion, nous écrivait en 1908 :
« Jusqu'à plus ample informé, je le considère comme un cépage particulier à votre
pays ».

Le *Plant de la Roche*, dit aussi *Rousselet*,
(ne pas confondre avec le Savagnin rose,
ou encore le Grec rouge, tous deux qualifiés
Rousselet) est encore appelé quelquefois le
Turc par nos vignerons. Il s'accommode des
mauvais terrains et ne craint pas l'humidité,
mais il est de qualité tout à fait inférieure.
Notre système de taille ne lui convient du
reste pas, il rebourgeonne trop. Il vieillit vite,
mais il est vigoureux et produit beaucoup.

On pourrait, d'après M. A. Berget, le rapprocher de l'Elbing d'Alsace.

Portairie

La Portairie donne des grappes assez
semblables à celles du Plant de la Roche,
mais à saveur plus sucrée. C'est un cépage
très feuillé, d'apparence rustique. Cependant, de même que le précédent, il disparaît de nos vignobles avec la reconstitution.

Faute de documents suffisants, nous avons
dû renoncer à l'identifier.

PLANT DE LA ROCHE

Marsanne

On trouve, dans la région d'Aigle, un cépage appelé *Ermitage* (ou Hermitage), à forte végétation, à grandes feuilles épaisses, parfois asymétriques, à trois ou cinq lobes, régulièrement dentées, et dont le sinus pétiolaire est constamment fermé. Les rameaux sont gros, de couleur jaune pâle; les grappes sont sur-moyennes, ailées, assez lâches; les grains restent souvent verts, à cause, très probablement, du feuillage touffu et de la maturité tardive.

Cet Ermitage s'élimine complètement; on passe dans les vignes avant la vendange et l'on scie les souches.

Ce cépage est la Marsanne, d'un type un peu plus grossier que celle dont est complanté pour la plus grande part le clos fameux de l'Ermitage, dans la Drôme.

C'est probablement du Valais que nous est venu l'Ermitage. Il donne, dans ce canton, des vins d'excellente qualité dont le bouquet rappelle beaucoup celui de l'Ermitage authentique.

La Marsanne a peut-être été rapportée par des volontaires valaisans au service de

4

la France, et elle aurait alors conservé le nom du cru dont elle provenait.

Le fait qu'on l'extirpe de nos vignobles n'implique pas que, dans des lieux et des terrains appropriés, comme certains endroits du Valais, elle ne soit un cépage des plus appréciés.

Roussanne

Dans cette même région d'Aigle, on trouve encore le *Châtaigner*, cépage assez semblable au précédent et qu'on élimine comme lui impitoyablement du vignoble.

Nous avons affaire à la Roussanne, qui se trouve associée à la Marsanne dans le clos de l'Ermitage précité.

Les rameaux du Châtaigner sont ponctués de noir à l'aoûtement, et la feuille est plus découpée que celle de l'Ermitage (Marsanne), les sinus latéraux supérieurs sont profonds, détachant nettement le lobe terminal, les sinus latéraux inférieurs sont moins marqués et le sinus pétiolaire est ouvert. La feuille est donc à cinq lobes, exceptionnellement à trois ; les dents sont peu aiguës et en deux séries. La grappe est plus petite que celle de l'Ermitage et sa production plus faible.

Les suppositions que nous avons émises quant à l'importation de la Marsanne peuvent s'appliquer aussi à la Roussanne.

Les Plants du Rhin

Sous le nom de « Plant du Rhin », nous avons trouvé des cépages fort divers : le Pikolit, le Savagnin jaune, le Chardonnay et le Sylvaner.

Quant au Riessling, nous ne l'avons pas vu, ce qui ne veut pas dire qu'il n'existe pas dans nos vignobles, mais il y est certainement très rare. Nous ajouterons qu'on confond parfois Sylvaner et Riessling. Dans le Valais, le Sylvaner est même appelé Gros Riessling.

Pikolit

Le Gros Bourgogne, aussi appelé Gros Rhin, a été particulièrement bien étudié par M. A. Berget, dans l'Ampélographie Viala et Vermorel, cependant il n'avait pu l'identifier à aucun cépage, et son origine restait inconnue. Or, dans une lettre datant de septembre 1908, M. A Berget nous écrivait :

« Le Bourgogne ou Gros Bourgogne que
« j'avais rapporté du Valais, en 1902, et
« décrit sous ce nom dans l'Ampélogra-
« phie Viala et Vermorel, n'a rien, cela va
« sans dire, d'un cépage bourguignon. J'ai
« reconnu son identité avec le *Pikolit* ou
« *Balafant* de la Hongrie. Chez moi, il est
« actuellement plus avancé en maturité que
« chez vous, son vin donnerait actuelle-
« ment 8° 5. Je suis assez satisfait de cette
« variété comme plant de grosse production
« (un peu pourrisseux).

Depuis cette lettre, ce cépage a été classé sous son vrai nom dans le tome VII de l'Ampélographie précitée.

Le Pikolit, dit aussi Gros Bourgogne, Gros Rhin, Gros Bordeaux, Gamay blanc, est un cépage vigoureux, à bois très forts, d'un jaune-noisette, striés de rose et ponctués de brun ; les entre-nœuds sont inégaux et les plus courts sont souvent courbés ; les feuilles sont épaisses, lisses, d'un vert foncé, rarement bien lobées, à denture faible et en deux séries, les sinus sont en forme de lyre ; la grappe est volumineuse, serrée, généralement un peu épaulée (ailée), à grains gros, pruinés et juteux, souvent déformés par la compression.

Dans les environs de Coppet, on trouve le Pikolit robuste dans des graviers, et ne coulant pas ; à Tannay, nous en avons vu une vigne très belle en 1909, année où, comme on le sait, la coulure a été générale. Par contre, on reproche à ce Gros Rhin d'être très sujet à la pourriture, de sorte qu'on l'élimine peu à peu. Il donne un vin moyen et parfois bon. Cultivé en treille, il est apprécié à cause de sa forte production, et alors la pourriture ne l'atteint plus aussi facilement.

Nous avons employé à dessein le terme de Gros Rhin ; c'est pour être amenés à dire que maintenant que nous connaissons le nom véritable de ce cépage, empressons-nous de le lui donner et appelons-le Pikolit. Le terme de Gros Rhin s'applique, en effet, non seulement au Pikolit, mais aussi à d'autres cépages, comme nous le verrons plus loin.

Savagnin jaune

On trouve, dans la région d'Orbe, un autre Gros Rhin, dit lui aussi Gros bourgogne blanc, mais qui est différent du Pikolit. Autant que nous pouvons en juger, nous sommes en présence du Savagnin français ou Traminer du Rhin, ces deux noms s'appliquant au même cépage. Plus précisément, nous croyons pouvoir dire que ce Gros Rhin d'Orbe est le *Savagnin jaune*. Il est du reste exceptionnel, et s'il existe dans d'autres vignobles nous ne l'y avons pas su voir.

La végétation est vigoureuse ; les feuilles, plutôt petites, sont d'un vert foncé, plus pâles à la face inférieure qui est aranéeuse, elles sont nettement découpées en trois lobes, et à dents aiguës. Ces caractères sont un peu plus accusés que dans la feuille du Savagnin jaune de la Franche-Comté, mais cela s'explique par la sensibilité de ce cépage aux changements de terrain. La grappe est petite, un peu épaulée (ailée), peu compacte, à pédoncule court, et à pédicelles renflés et verruqueux ; les grains sont légèrement ovoïdes, moyens, mais irréguliers, pruinés, et d'un jaune gris. On reproche à ce Savagnin de mûrir mal et d'avoir alors un raisin un peu aigre. Cela ne nous suprend pas, car le Savagnin jaune est un cépage plutôt tardif et qui ne doit être vendangé que très mûr. Avant la maturité, son raisin est d'un goût désagréable, ce n'est que plus tard qu'il acquiert ce parfum spécial si apprécié dans les vins du Jura ou du Palatinat. Le Savagnin jaune doit être traité en taille longue, mais il s'accommode aussi de notre système, bien qu'on ait dit que les bourgeons de la base des sarments ne produisaient que des rameaux stériles.

La grande qualité de ce cépage est de résister parfaitement à la pourriture, permettant ainsi une vendange tardive dans les contrées septentrionales.

Le Savagnin jaune est cultivé dans la Basse Bourgogne, la Franche-Comté, l'Est de la France, et jusque dans le Palatinat où il donne les vins renommés de Forst, Deidesheim et Dürkheim, de même que ceux de Château-Châlons, St-Lothaire et d'Arbois, en France. Il se plaît surtout dans les marnes et les schistes du trias et du lias, mais ses qualités se modifient profondément suivant les sols, ce qui nuit à son extension, comme en Haute-Bourgogne, par exemple, où l'essai en a été fait, car dans les argiles calcaires il fructifie trop et s'épuise alors rapidement.

Sylvaner

Le Sylvaner est appelé chez nous plus généralement « Plant du Rhin » cependant il reçoit aussi la qualification de Gros Rhin, de même que celle de Petit Rhin.

On a cru pouvoir assimiler, dans la pratique viticole, le Gros Rhin au Sylvaner et le Petit Rhin au Riessling, c'est une erreur : tout ce qu'on peut dire c'est que, suivant les endroits, le même cépage reçoit des noms différents ou, au contraire, que sous le même nom on confond souvent plusieurs cépages.

Nous disions que le Sylvaner était généralement connu sous le nom de Plant du Rhin, cependant, dans le *Catalogue des raisins de Sion exposés au Concours agricole de Lucerne*, en 1881, nous voyons le Johannisberg ou Petit Rhin, identifié au Riessling, et le Gros Rhin au Sylvaner vert, ce qui semblerait trancher la question. Remarquons pourtant que ce catalogue porte

nom ampélographique inconnu pour la
Grosse Arvine qui, d'après l'Ampélographie
de MM. Viala et Vermorel, est le Sylvaner.
La Grosse Arvine était-elle donc plus difficile à identifier que le Gros Rhin? Ceci
montre à combien d'erreurs entraînent ces
confusions de noms qui finissent par faire
croire à deux cépages différents, comme
dans le cas ci-dessus du Gros Rhin et de la
Grosse Arvine, lesquels ne sont que le Sylvaner et dont cependant l'un n'a pas été
reconnu en 1881. Et bien plus, dans certaines parties du Valais, on donne au Sylvaner le nom de Gros Riessling!

Les caractères du Sylvaner, tel que nous
l'avons rencontré, sont les suivants : la
végétation est vigoureuse, mais les rameaux
ne sont pas plus gros que ceux du Fendant
vert, par contre, la souche émet de nombreux rejets; les feuilles sont moyennes ou
grandes, d'un vert mat, arrondies, à trois
lobes et à sinus pétiolaire ordinairement
fermé, les dents sont peu accentuées et
arrondies ; la grappe est petite, presque
aussi large que longue, et serrée; les grains
sont ronds, parfois comprimés, le plus souvent verts, mais jamais franchement roux,
et toujours ponctués.

Près d'Orbe, nous avons trouvé le Sylvaner sous le nom de Petit Rhin ; il est du reste très peu répandu dans cette région. Aux environs de Vevey, il y a encore quelques vignes exclusivement constituées par le Sylvaner.

Ce cépage produit tôt, mais il est très sujet à l'oïdium. A Aigle, on en rencontre quelques souches mélangées au Fendant roux, sans jamais qu'il soit prédominant.

Le Sylvaner se plantait autrefois comme pieds de remplacement, à cause de sa fructification précoce, régulière et assez abondante ; actuellement, on ne l'utilise plus que par accident dans la reconstitution, quoiqu'il donne un moût très sucré. Une taille plus longue que la nôtre semblerait mieux lui convenir. Le Sylvaner n'est pas de longue durée, il ne dépasse guère 20 ou 25 ans. Sa résistance au pourridié est assez grande, à cause de ses racines superficielles, à chevelu abondant.

Chardonnay

Il est peu de cépages qui aient une synonymie aussi effrayante que celle du Pinot blanc Chardonnay. Nous croyons avoir trouvé

ce cépage à Coppet, sous le nom de Petit
Rhin.

Il pourrait provenir, peut-être, des essais
faits à Clarens, en 1849, pour introduire
dans le vignoble des plants de qualité. On
trouve dans ces importations, sous la rubri-
que « Plants du Rhin », un Ruhland, or le
Ruhland comprend le Pinot gris, le Pinot
noir et le Pinot blanc Chardonnay. (Ruh-
land-Ruländer Grösser-weisser Ruland ou
Rohlænder). Enfin, le tome VII de l'Ampélographie Viala et Vermorel indique Raisin
blanc de Lausanne comme synonyme de
Chardonnay. Si nous n'avions pas de bases
plus sérieuses pour fonder notre opinion,
nous n'en aurions rien dit, mais nous allons
voir, par l'examen des caractères de ce
pseudo Petit Rhin, qu'on peut arriver à
l'assimiler au Chardonnay sans être accusé
d'agir en aveugle.

La végétation est vigoureuse; les rameaux
sont de grosseur moyenne, cylindriques,
ponctués de brun; la feuille est plutôt
petite, verte, avec la face inférieure vert
pâle, elle est très peu lobée; les lobes supérieurs et inférieurs étant à peine marqués,
les deux côtés sont parallèles, la feuille est
lisse et mince, à sinus pétiolaire large et

franchement ouvert; les nervures sont fines et saillantes à la face supérieure; le pétiole est long, mince, d'un vert - violacé, avec sillon longitudinal très étroit, il se renfle en se coudant à son attache avec le sarment. A l'automne, les feuilles prennent une coloration jaune claire. La grappe est moyenne, épaulée (ailée), elle est serrée chez les jeunes ceps, plus lâche et millerandée chez les vieux; les grains sont de grosseur variable, mais généralement petits, sphériques ou légèrement ovoïdes, souvent disposés plus ou moins nettement en rangées transversales, ils sont pruinés et d'aspect ambré, maculés de brun, translucides, et restent verts à l'ombre.

Ce cépage n'est pas employé dans la reconstitution du vignoble, quoiqu'il s'adapte très bien aux divers porte-greffes américains. Il est assez sensible à la pourriture. Disons encore que le Chardonnay n'est pas le véritable Pinot blanc, qui est rare, mais son très proche parent.

Nous venons de passer en revue les différents Plants du Rhin qu'il nous a été donné de rencontrer. On voit qu'ils forment une

famille plutôt désunie : Pikolit, Savagnin
jaune, Sylvaner et Chardonnay, tous cépages
sans parenté aucune qui les relie. Quant au
Riessling, il existe probablement mais nous
ne l'avons pas trouvé. Sa très faible production doit, du reste, le faire peu priser
des viticulteurs qui le posséderaient. Les
« Petits Rhins » que nous avons eu l'occasion d'examiner étaient soit le Sylvaner,
soit le Chardonnay.

Le but poursuivi, en introduisant du
« Plant du Rhin » dans nos vignobles, était
d'enrichir le moût en sucre. Il est évident
que le Riessling réaliserait encore mieux la
chose que le Sylvaner, mais sa production
est extrêmement minime.

Pour arriver à faire du vin de Riessling,
il faudrait que la vente se montât à des prix
exhorbitants, tels que ceux qu'on demande
pour les véritables Johannisberg. Et ceci
nous fait douter que les vins du Valais dits
« Johannisberg » (qui sont excellents, du
reste) soient produits uniquement par du
Riessling.

Pinot Gris

C'est la *Malvoisie* ou *Tokay* du Valais. Encore ici ces noms sont superflus. Le plant cultivé à Tokay (Hongrie), et qui donne un vin si réputé, et pourtant si profondément inconnu, est le Furmint, sans analogie avec le Pinot gris.

D'après MM. Viala et Vermorel, ce serait le Pinot noir qui, par décoloration dans certains terrains, aurait donné le Pinot gris qui fut autrefois très cultivé.

Vers 1849, on introduisit dans notre canton des cépages étrangers pour améliorer la qualité de nos vins, et on importa, sous le nom de Tokay, huit plants dont l'un était la Malvoisie rouge du Valais (Pinot gris), un autre était la Malvoisie blanche d'Afrique (sous réserve) que nous avons cru retrouver dans la Malvoisie de Faverges (Vermentino), un autre était le Lacryma Christi de Naples, soit le Chasselas violet, etc., etc., cela faisait déjà bien des choses différentes pour des plants de Tokay. En outre, on importa des plants de Bordeaux (six), des plants du Rhin (cinq) et des plants d'autres cantons suisses (cinq également). Tous ces cépages étaient cultivés à Clarens. De là ils ont rayonné plus ou moins et il en reste actuellement des vestiges qui ne sont pas pour faciliter notre tâche. Il y avait là vingt-quatre cépages de noms différents des moins orthodoxes.

Mais revenons au Pinot gris. Ses rameaux sont plutôt petits, brunâtres, à entre-nœuds moyens ou courts; la feuille petite, nettement découpée, jaunit à l'automne au lieu de rougir par places comme chez les autres Pinots. Les grappes sont petites, un peu épaulées (ailées), à grains ronds, de coloration gris-rose et de saveur sucrée.

Le Pinot gris n'est jamais, chez nous, cultivé seul et disparaît peu à peu après avoir été fort répandu. Il donne un vin de très bonne qualité mais produit fort peu. Dans le Valais, le vin dit de Malvoisie s'obtient en laissant flétrir les raisins du Pinot gris et en les vinifiant ensuite. On obtient ainsi un vin liquoreux tout à fait agréable (Malvoisie flétrie).

Gouais Blanc

M. A. Berget, auquel nous avions soumis un échantillon de Gouais de la région de Vevey, nous a écrit :

« Votre Gouais est à quelques nuances près
« identique au Gouais blanc répandu dans
« tout l'Est de la France, cépage abondant
« mais médiocre, très sujet à la pourriture
« et au mildew, ne donnant qu'un vin
« plat, acide et sujet à la graisse. On le
« trouve sous des noms divers, surtout
« dans les vignobles inférieurs. C'est la
« Gouche du Cher, le Gouget blanc de l'Al-
« lier, Geusche blanc du Jura, Gô de la
« Côte-d'Or, etc. »

Dans le tome VII de l'Ampélographie
Viala et Vermorel, M. Berget revient sur le
Gouais, auquel il assimile le plant de Séchex
et le Coulis d'Evian, le Guay jaune de Sion
et le Wippacher de la Croatie, puis il conclut
ainsi :

« Ses variétés peuvent avoir des aptitu-
« des œnologiques inégalement médiocres,
« mais malgré sa belle production, ce cépage
« est néanmoins à rejeter en raison de sa
« sensiblité au Botrytis [1] et surtout de la
« faiblesse de ses vins, très acides et pour-
« tant fort sujet à la casse et à la graisse,

[1] Pourriture noble du raisin (Botrytis cinerea).

« qui ne constituent généralement qu'une
« piquette sans qualité marchande. »

Nous n'insistons pas sur ce cépage qui a
constitué quelques vignes chez nous, et
nous jugeons inutile de le décrire puisque
chacun le connaît sous son vrai nom et qu'il
disparaît actuellement avec une rapidité
qu'il serait superflu de regretter.

Cloître

Nous n'avons pas réuni sur ce cépage des
renseignements assez complets pour tenter
de l'identifier, nous préférons laisser la
question en suspens plutôt que de conclure
sans preuves suffisantes.

Le Cloître est analogue au Gouais et ne
présente aucune qualité spéciale ; de même
que le gouais, on l'évite dans la reconstitution. Ce cépage avait été interdit par les
Bernois, au temps de leur domination sur le
Pays de Vaud, pour ne pas avilir la qualité
des vins. Ce fait tendrait à faire penser que
le Cloître et le Gouais sont peut-être identiques.

Gringet

Il existe une vingtaine de souches de ce cépage à Corseaux, près Vevey; il est sans grand intérêt pour notre vignoble.

M. E. Durand à cru pouvoir le rapprocher du Savagnin jaune, mais nous n'acceptons pas cette opinion sans arrière pensée, tant s'en faut.

Le Gringet n'est pas toujours vigoureux, cela dépend des terrains. Les jeunes feuilles sont blanches et duveteuses, puis jaunâtres à la partie supérieure. Les jeunes pousses sont laineuses à leur extrêmité. Les sarments sont forts et cylindriques, à entre-nœuds courts, à coloration jaune pâle, et à moëlle abondante. Les feuilles sont moyennes, rondes, entières, rarement à trois ou à cinq lobes, la face supérieure est vert foncé et bullée, l'inférieure vert pâle avec duvet aranéeux; denture fine; nervures jaunes et saillantes en dessous; sinus pétiolaire en lyre. Grappes moyennes, un peu épaulées (ailées), courtes et peu serrées, à râfle grosse et forte; grains moyens, globuleux, jaune bronzé et pointillés à la maturité. Le raisin pourrit dans les années

tardives et pluvieuses (d'après E. Durand,
dans l'Ampélographie de Viala et Vermorel.)

Le vin du Gringet est souvent dur et sujet à la graisse, il devient facilement mousseux.

M. E. Durand attribue au Gringet une
grande tendance à la coulure en terrains
bien fumés, mais nous n'avons jamais été à
même de lui faire ce reproche. Dans le
vignoble de Bonneville (Haute-Savoie), par
exemple, on l'a en très bonne estime. C'est
lui qui, mélangé à d'autres cépages, participe à la production des vins mousseux
d'Aïze.

Muscat Blanc

Ici et là, on rencontre dans le vignoble
une souche de Muscat blanc. Nous n'avons
qu'à le citer sans le décrire puisqu'il n'a pas
d'importance pratique et que son nom se
trouve être exact.

Les Muscats blancs sont de très anciens
cépages qui nous viennent des Grecs, et ils
auraient été baptisés Apian (pluriel Apia-
næ) par les Romains, du nom des mouches

à miel (Apes) qui s'en montraient friandes.
(Olivier de Serres).

De maturité inégale et tardive, le Muscat blanc pourrit très facilement. Dans le Valais, il arrive bien à mâturité, on le vinifie et il est l'objet d'un assez grand commerce. Chez nous, il est à rejeter; sa pulpe reste dure et il est inutilisable, tant comme raisin de table que comme raisin de cuve.

Le Muscat de Saumur le remplacerait avantageusement, le long des murs de vigne par exemple.

On trouve encore, de temps à autre dans le vignoble, un peu de Muscat noir, mais très rarement.

Aramon Gris

On nous a montré un cépage appelé *Canaan*, à grandes feuilles entières ou trilobées, rappelant celles du Sylvaner, mais d'un vert plus clair ; les grappes sont lâches et d'une longueur extraordinaire, jusqu'à trente centimètres et davantage ; les grains, ronds et dorés, sont très gros, comme de

GRINGET

petites prunes. C'est l'*Aramon gris,* cultivé
dans le midi de la France comme cépage
à vin blanc. On ne le trouve qu'exceptionnellement ici, et nous regrettons de lui
enlever le prestige de son nom d'emprunt.

DEUXIÈME PARTIE

STATISTIQUE VINICOLE

Tableau récapitulatif

DISTRICT	Superficie en culture Hectares	Vin récolté Blanc Hectolitres	Rouge Hectolitres	Rendement moyen par Hectare
1. Aigle	640,—	17.703	1.570	30,11
1. Aubonne	285,—	24.608	355	87,58
3. Avenches ...	158,—	7.180	138	46,31
4. Cossonnay ..	58,15	2.920	152	52,83
5. Echallens ...	—	—	—	—
6. Grandson ...	283,72	16.021	253	57,35
7. Lausanne ...	346,93	17.516	167	50,96
8. La Vallée ...	—	—	—	—
9. Lavaux	753 —	47.975	1.512	65,71
10. Morges	892 12	67.127	4.061	79,79
11. Moudon.....	0,22	18	—	81,81
12. Nyon	751,—	44.519	4.271	64,96
13. Orbe	409,48	19.525	239	48,26
14. Oron	—	—	—	—
15. Payerne	1 56	28	4	20,51
16. Pays-d'Enhaut	—	—	—	—
17. Rolle	710 —	65.817	2.653	96,43
18. Vevey	833 —	37.002	769	45,34
19. Yverdon	182,5	9.020	123	50,09
Totaux....	6304,68	37.6979	16.267	62,37
		393.246		
En 1907..	6353,24	166.863	7.891	
		174.754		27,50

CÉPAGES ROUGES

Nous extrayons de la statistique agricole du canton de Vaud, pour 1908, publiée par le Département de l'Agriculture, de l'Industrie et du Commerce, le tableau ci-dessus indiquant les récoltes de vin blanc et de vin rouge dans chaque district.

Il ressort de cette récapitulation que les cinq districts gros producteurs de vin rouge sont, par ordre d'importance absolue et proportionnelle :

1. Nyon   (Communes principales : Gland).
2. Morges   »   »   St-Prex).
3. Rolle   »   »   Gilly - Essertines - Bursins).
4. Aigle   »   »   Ollon).
5. Lavaux   »   »   Lutry-Cully).

Nous avons dit, au commencement de cette étude, que nous pensions que les cépages rouges n'occupaient pas toute la place qu'ils pourraient occuper. Outre les districts ci-dessus, nous savons qu'il y a beaucoup de localités où, pour ne pas cultiver des surfaces très importantes, on n'en obtient pas moins des produits d'excellente qualité ; nous avons cité Orbe et Grandson.

L'inconvénient des cépages rouges c'est que ceux fructifiant abondamment donnent des vins de qualité médiocre. Telles sont les Mondeuses, et tels sont aussi, mais en sens opposé, les Pinots. Il s'agit de savoir si l'on veut cultiver pour la vente ou pour l'usage domestique. Dans le premier cas, on tendra à obtenir économiquement la meilleure qualité possible ; dans le second cas, on pourra sacrifier sans inconvénient la qualité à un rendement plus élevé.

Nous revenons encore sur le débouché de plus en plus facile qu'offre la Suisse allemande, c'est là une de ces situations économiques dont il faut savoir tirer parti par une attention constante à saisir les orientations nouvelles du commerce indigène.

Les Pinots [1]

Les Pinots sont les cépages qui produisent les vins rouges les plus fins, mais leur pro-

---

[1] Avec l'Ampélographie Viala et Vermorel, nous avons conservé l'orthographe *Pinot*, contrairement à l'Académie qui a admis *Pineau*.

duction est généralement faible. Ils sont
assez nombreux chez nous, sous des noms
divers, mais tous peuvent se rattacher au
type Pinot noir de la Bourgogne.

Cortaillod et Salvagnin

Nous allons être accusés peut-être d'erreur
en comprenant dans un même cépage le
Cortaillod et le Salvagnin. Nous ne les con-
fondons cependant pas tout à fait, nous
disons seulement qu'ils sont issus d'un
même type qui est le *Pinot noir*.

Le Cortaillod a une feuille généralement
moins découpée que celle du Salvagnin, à
pétiole rougeâtre ; ses grappes sont petites,
à grains assez gros, mais mélangés de grains
millerands. Le Salvagnin a une grappe plus
allongée et à grains plus réguliers ; son vin
est plus coloré et passe pour plus délicat
que celui du Cortaillod, s'éclaircissant parfois mal. On recommande le mélange des
vins de ces deux cépages.

Il ressort que le Salvagnin conviendrait
à des terres très légères, car il résiste bien
à la sécheresse (exemple Salvagnin de Saint-
Prex). D'autre part, le Cortaillod n'aurait

SALVAGNIN. — Collection de Montriond

toute sa valeur qu'en terre franchement forte
ou franchement légère; c'est alors qu'il mûrit
le mieux, mais il produit moins qu'en sol
moyen.

En somme, nous avons là deux cépages
de la même origine mais dont l'un, le Salvagnin, est depuis plus longtemps dans nos
vignobles.

Il y a cinquante ans et plus, le Salvagnin
était conduit en hutins, à la Côte, et c'est
là que les gens d'outre Jura venaient, chaque année, s'approvisionner de vin rouge.
Les chemins de fer ont tué cette coutume,
prétexte à des réjouissance, paraît-il, mémo-
rables autant que rabelaisiennes. A cette
époque, il existait encore un autre cépage
appelé Narbonne, conduit lui aussi en taille
longue, mais il a complètement disparu.

Le Cortaillod, ainsi que son nom le fait
supposer, nous vient du canton de Neuchâtel. Lors des essais de plants étrangers, à
Clarens, vers 1849, et dont nous avons
déjà parlé, le Cortaillod fut l'un des cépages introduits, et l'expérience démontra qu'il
devait être planté en terrains légers, bien
exposés et ensoleillés, et que son vin était
meilleur en sols calcaires. Ces particulari-
tés se retrouvent identiques chez le Pinot

noir des grands crus de Pommard et de Mercurey.

Quant au Salvagnin, il existait alors depuis longtemps déjà dans nos vignobles. En 1798, Reymondin le préconise dans les terres exposées à la sécheresse. Quant à son origine, bien que cultivé sous le nom de Salvagnin et de Salvagnin noir dans toute la Franche-Comté, nous pensons plutôt qu'il nous est venu de la Savoie. Il y est actuellement assez peu répandu mais, autrefois, c'était l'un des cépages formant le fond du vignoble, et il n'est pas impossible qu'il ait été apporté chez nous lorsque le Pays de Vaud faisait partie du Duché de Savoie. Peut-être aussi fut-il introduit par les moines bourguignons qui se fixèrent dans les environs de Palézieux, vers 1134.

Quoiqu'il en soit, les différences observées entre le Cortaillod et le Salvagnin ne sont dues, selon nous, qu'aux terrains ainsi qu'au plus ou moins d'ancienneté de culture et de sélection. Nous pensons qu'assigner au Salvagnin les terres légères est fort justement raisonné, mais on ne saurait réserver exclusivement le Cortaillod aux terres fortes. Dans ces divers sols, il se peut que ces deux cépages présentent des particulari-

tés individuelles car l'un s'y trouve cultivé
d'ancienne date et l'autre y est plus nouvellement introduit.

A Neuchâtel, le Cortaillod est planté de
préférence dans les sols chauds et calcaires.
En ayant usé parfois un peu différemment
chez nous, il ne faut pas être surpris
d'avoir vu naître alors quelques caractères
de détail, ou d'autres s'atténuer. Nous pren-
drons comme exemple la grappe qui est
toujours mélangée de petits grains ; ceci
n'est pas un caractère inné, c'est une dégé-
nérescence ! Et nous sommes bien certains
qu'un Pinot noir authentique, cultivé en
sol convenable, ne présentera jamais (sauf
accident) ce mélange de grains normaux et
de grains millerands.

On nous objectera que le Salvagnin ne
présente pas cette particularité, ou, du
moins, ne la présente pas au même degré.
C'est exact, mais cela ne tient qu'à un choix
meilleur des boutures, et à une culture
dans les terrains qui lui sont favorables.
Qu'on en dispose autrement et l'on verra
les grains millerands apparaître.

Si nous soulignons ce fait, c'est qu'on
pourrait réagir contre cet inconvénient du
Cortaillod et qu'on a un intérêt direct à le

faire, puisque ces petits grains diminuent d'autant le rendement déjà faible de ce cépage. Il ne faudrait pour cela qu'une sélection bien entendue, poussée toujours dans le sens des grappes à grains les plus égaux, en se disant bien que ces raisins millerands ne sont pas un défaut inhérent au cépage, mais que ce n'est qu'un état pathologique contre lequel on peut sinon facilement, du moins efficacement lutter. Nous ne nions pas les différences qui existent entre le Cortaillod et le Salvagnin, ce que nous croyons c'est que cultivés tous deux en sol léger et soumis tous deux à une sélection rigoureusement poursuivie dans le même sens, leurs boutures donneraient, après trois ou quatre choix successifs, des ceps fondamentalement semblables. Ces deux plants sont indiscutablement des Pinots, plus où moins voisins du Pinot noir dont ils présentent tous les caractères essentiels ; on fera donc bien de ne pas s'éloigner trop des exigences générales de ce cépage. Notre taille courte lui est déjà une épreuve ; c'est à elle qu'il faut attribuer la cause de cette découpure plus profonde des feuilles qu'on signale, en France, comme indice d'infertilité chez le Pinot. Nous demanderions volontiers à ce qu'on essayât de la taille longue car il nous paraît que voici l'un des cas où elle pourrait s'employer, à condition de ne pas s'en servir pour exagérer le rendement.

Dans la région d'Orbe, où l'on fait du vin rouge pour la bouteille, on mélange le Cortaillod et le Salvagnin ; ailleurs, comme à St-Prex, on cultive le Salvagnin seul ; à Coppet, on préfère la *Dole* au Salvagnin. Cette Dole n'est pas celle du Valais, mais une sélection de Cortaillod portant le nom d'une campagne, près de Rolle. Cette Dole est intéressante en ce que sa grappe, qui est petite, a des grains assez gros et égaux. Ceci confirmerait ce que nous écrivions plus haut, concernant les grains millerands du Cortaillod.

Décrivons maintenant succinctement les caractères du Pinot noir, pour comparer : La végétation est assez vigoureuse ; les bourgeons sont enveloppés de deux écailles brunes, et les jeunes feuilles sont tomenteuses sur les deux faces, avec une légère bordure d'un rouge très pâle ; les rameaux sont plutôt grêles et de couleur fauve un peu violacé à l'automne, ils sont très finement striés ; les entre-nœuds sont moyens et les nœuds peu saillants ; la moëlle est brunâtre et assez abondante. Les feuilles sont moyennes, rondes ou à trois lobes chez les ceps fertiles, à cinq lobes, chez les ceps infertiles ; le sinus pétiolaire est en lyre, parfois fermé chez les feuilles âgées ; le limbe, vert foncé en dessus, est vert clair en dessous avec duvet aranéeux grisâtre et nervures saillantes ; les dents sont petites et en deux séries ; en automne, les feuilles se maculent d'un peu de pourpre sur leur pourtour ou entre les nervures. Les grappes sont petites à pédoncule cylindrique, ligneux à la base, et à pédicelles courts et verruqueux ; grains moyens ou petits, sphériques ou légèrement ovoïdes, assez serrés, de couleur violet foncé plutôt que noire, très pruinés ; jus incolore, à saveur spéciale. (D'après E. Durand, Ampélographie Viala et Vermorel).

Ajoutons que le Pinot noir paraît assez sensible au pourridié et que son vin, excellent, est très solide ; il se décolore d'une façon caractéristique en vieillissant, mais conserve très longtemps son bouquet.

On ne saurait trop recommander la culture d'un tel cépage dans les endroits qui lui sont favorables. On objecte, il est vrai, la faiblesse de son rendement, mais peut-

CORTAILLOD

être pourrait-on y remédier en partie, sans nuire à la qualité, par une taille plus longue. Du reste, quand on saura qu'en Bourgogne on se contente d'un rendement de 20 hectolitres à l'hectare, on sera moins exigeant sur ce point. Dans certains vignobles de France, il est de mode de vanter la faible production de son clos, tout comme chez nous on se montre fier d'une récolte plus abondante que celle du voisin. Là-bas, c'est à celui qui produira le moins, et, la verve celtique aidant, on arrive à d'invraisemblables exagérations. Il y a cependant une leçon à tirer de ces joyeusetés paradoxales, c'est qu'on sent bien que la forte récolte est incompatible avec un produit de toute qualité. Ceci admis, nous entendons bien qu'il existe une limite où il est onéreux de pousser à la qualité, mais nous entendons aussi qu'il y a une limite en dessous de laquelle il devient désastreux de pousser à la quantité. Il faut savoir sagement discerner, et nous savons que cela n'est pas toujours facile.

Quoiqu'il en soit, on peut dire que la qualité d'un vin est inversément proportionnelle à la quantité récoltée à l'unité de surface.

6

Il est peu de cépages qui échappent à cette règle, sauf peut-être, comme nous l'avons dit, la Blanchette. Sous cette forme mathématique, nous pensons exprimer une loi qui renferme, dans ses conséquences, la renommée et, par conséquent, l'avenir de notre vignoble.

Rouge printanier de Pallud

M. E. Durand, Directeur de l'Ecole d'Agriculture d'Ecully, près Lyon, a bien voulu, en 1908, examiner et déterminer ce cépage dont on ignorait le nom dans la contrée. C'était le *Pinot noir*. Il n'y a donc pas lieu d'insister davantage.

Neuchâtel de Lutry

Le Neuchâtel de Lutry est un Pinot tout à fait comparable aux précédents.

Les différences qu'on peut remarquer entre ces cépages sont secondaires et proviennent, ainsi que nous l'avons dit. d'une sélection dirigée en sens différent pour chacun d'eux (ou d'un manque de sélection !), ou bien aussi de la culture prolongée en terrains variés.

Une autre cause est le provignage. Il ne paraît pas trop osé de lui attribuer les variations qu'on remarque entre individus de même variété.

M. G. Foëx, dans son *Cours complet de Viticulture*, dit à ce propos :

« La fertilité, le volume du fruit, l'apti-
« tude à la coulure peuvent également va-
« rier d'un sarment à un autre, et, si ces
« sarments deviennent des boutures, du
« pied provenant de l'un à celui provenant
« de l'autre. »

Le Pinot gris aurait cette origine ainsi que la Mondeuse blanche. C'est précisé-ment à cause de ces différences entre les individus de même variété que la classifica-tion botanique a échoué en ce qui concerne nos cépages issus du *Vitis vinifera*.

Pour en revenir au Neuchâtel de Lutry, quelques personnes compétentes nous ont dit que c'était un *Clevner*. Cette opinion n'infirme en rien ce que nous venons d'ex-poser, puisque le Clevner, ou Klewner, de nos cantons suisse-allemands est un Pinot précoce, par conséquent se rattachant au type Pinot noir.

Dole et Dolon

Chez nos voisins du Valais, on distingue la Grosse et la Petite Dole. Comme l'on sait, il existe un vin de Dole qui jouit d'une excellente réputation, et cette réputation l'on cherche, avec raison, à la maintenir et à la grandir encore. Ceci a donné naissance à ce que nous appellerions volontiers « la querelle des Doles ». Les uns *croient* que ce sont des Gamays, et les autres *veulent* que ce soient des Pinots. Et l'on veut que ce soient des Pinots parce que le Pinot est réputé faire un vin plus fin que le Gamay ! D'aucuns, moins intransigeants, pensaient à un hybride de Pinot et de Gamay.

Nous ne possédons pas assez les cépages valaisans pour intervenir dans la question, mais comme depuis quelque temps on plante un peu de Dole dans notre canton, nous allons examiner ce que sont ces Doles de « chez nous ».

En 1881, la Société d'Agriculture de Sion établit un catalogue des Raisins de Sion

DOLE

exposés au Concours agricole de Lucerne,
or, sur ce catalogue on voit : *Grosse Dole*,
nom ampélographique : *Gamay de Beaujolais;* et c'est tout. Il n'est pas question de
Petite Dole.

Quant à nous, ce que nous appelons
Dolon et *Dole* dans le canton de Vaud, et ce
qu'on trouve sous ce nom dans les collections de l'Etat, à Montriond, sont des
Pinots.

L'Ampélographie Viala et Vermorel donne
Grosse Dole comme synonyme de Gamay, et
Petite Dole comme synonyme de Pinot.
Nous nous rangeons tout à fait à cette
opinion.

Les termes de Dolon et de Dole sont
confondus chez nous, ils ne répondent pas
chacun à un cépage caractéristique.

Nous avons parlé assez longuement des
Pinots à propos du Cortaillod pour n'avoir
pas besoin d'insister à nouveau. Qu'on
veuille bien s'y reporter.

Le Dolon possède toutes les qualités du
Pinot noir dont il n'est qu'une sélection à
grappes plus grosses. Les grains sont assez
réguliers comme grosseur. Sa propagation
chez nous mérite d'être encouragée partout
où l'on voudra obtenir un vin rouge de

qualité supérieure sans sacrifier tout à fait la quantité. Le Dolon est, en effet, plus productif que le Cortaillod et le Salvagnin, mais son vin est de conservation moins facile ou plutôt moins longue.

Quant à la Grosse Dole ou Dole-Gamay, nous en parlerons en traitant des Gamays.

Pinot meunier

Nous avons trouvé, près de Lutry, un cépage dont le raisin était qualifié de « *penatzet* ». Ce nom s'applique aux vins durs et médiocres. Le « Penatzet » en question était le Pinot meunier. Ses feuilles sont couvertes, en dessous, d'un épais duvet blanc, et jusqu'à ses sarments sont grisâtres. On peut dire que ce cépage a la structure des Pinots sous la farine d'un meunier. Son vin est demi-fin et parfois fin, dans des situations exceptionnelles.

Si, chez nous, quelques vignerons l'ont qualifié de « penatzet » cela ne vient que d'une exposition médiocre ou d'un défaut de vinification. Lorsqu'on prolonge le cuvage

après la fermentation, le vin du Pinot meunier prend très vite de l'âpreté, et il est alors peu agréable au goût; de là un jugement défavorable et injuste.

Le Pinot meunier est répandu un peu partout sans jamais constituer, à vrai dire, de vignobles déterminés. On le trouve disséminé dans la Suisse allemande, ainsi que dans nos régions, où il est rarement vinifié seul.

Ses caractères sont bien définis. Le débourrement est cotonneux, dans le genre de celui de la Mondeuse, et s'effectue très peu de jours après celui des Chasselas, en même temps que lesquels il arrive à maturité. Ses sarments, laineux à l'état herbacé, deviennent roux-grisâtre à l'aoûtement. Les feuilles sont moyennes, un peu chagrinées, bien découpées, à cinq lobes dont les sinus restent le plus souvent ouverts; la face supérieure est glabre, d'un vert clair; la face inférieure est entièrement recouverte d'un duvet blanchâtre; les dents sont assez irrégulières, courtes, à pointe aiguë (acuminées). Les grappes sont plutôt petites, serrées, aussi larges que longues, à long pédoncule ligneux et à pédicelles grêles dont le bourrelet est verruqueux. Les grains sont petits ou moyens, plutôt sphériques, quelquefois déformés par la compression. Jus incolore, à saveur plus ou moins sucrée. La végétation n'est pas très vigoureuse ; l'enracinement est assez faible, à chevelu abondant ; les racines sont plutôt traçantes.

Le Pinot meunier semble préférer des sols silico-calcaires, et doit être conduit en taille longue. Dans certaines régions, on laisse un sarment qu'on rattache à la souche voisine, c'est la taille Guyot, les fils de fer étant supprimés. En taille courte, sa production est assez faible. Il faut le tenir vigoureux par de bonnes fumures et par un rajeunissement constant, alors sa production dépasse celle des Gamays. Il ne coule ni ne se millerande, mais il craint la sécheresse qui laisse ses grappes et ses grains à l'état de développement où elle les a surpris. Les gelées et les maladies cryptogamiques atteignent peu le Meunier. Son vin est d'un rouge franc, peu foncé, et ne se conserve pas très longtemps à cause de son manque de tanin, par contre il est vite fait.

On vinifie aussi très facilement en blanc les raisins du Pinot meunier.

MEUNIER

Pinot de Pernand

Ce cépage n'existe encore que dans les collections de l'Etat, à Montriond, mais comme on pourrait être tenté de l'introduire, nous le citons.

Originaire de Beaune, il n'en est pas meilleur pour cela. Ce Pinot, à sarments sinueux, à grappes plus volumineuses que celles des autres Pinots, produit un vin peu alcoolique et peu coloré. En outre, il est extrêmement sujet à la pourriture, à cause de ses grappes serrées.

Madeleine noire et Juliette

Citons encore ce cépage, exceptionnel chez nous, pour terminer le Groupe des Pinots. La Madeleine noire ou Juliette est, en effet, un Pinot; on la fait même provenir, par variation, du Pinot meunier.

Il n'y a pas lieu de nous étendre davantage, ce plant étant sans intérêt pour nous, aussi bien que sans avenir. On l'utilise comme raisin de table et, à ce titre, il se plante parfois le long de quelques murs de vignes, mais sa seule qualité est d'être précoce.

Nous comptons bien, en France, une vingtaine de Pinots différents, dûment classés, avec chacun trois ou quatre synonymes. Tous ces cépages sont issus, depuis plus ou moins longtemps, du Pinot noir. On comprendra qu'il eut été puéril et erroné de vouloir assimiler nos divers Pinots aux Pinots français. En effet, ces variations ne sont pas des « types », on pourrait les créer en partant de n'importe quel Pinot, et elles sont sujettes à se transformer en changeant de milieu, c'est pourquoi nous n'avons pas jugé utile de chercher à qualifier nos Pinots indigènes d'une façon plus détaillée, mais qui eut été factice sous son apparente précision.

MONDEUSES

Les Mondeuses sont des cépages généralement tardifs, comprenant des variétés blanches et des variétés rouges.

Gros Rouge

Le cépage qu'on cultive dans tout le canton pour le vin du ménage est le Gros rouge, dit aussi Savoyan, et qui serait originaire de la Savoie; c'est la *Mondeuse*. De tous les renseignements que nous avons obtenus sur ce Gros rouge, il ressort qu'on le considère comme trop tardif et qu'il est appelé à disparaître.

C'est un plant à grosse production, mûrissant mieux ses raisins en terres fortes ou légères qu'en terres mi-fortes car, dans ces dernières, la fructification augmente trop au détriment de la maturation.

Les légères différences qu'on remarque entre les Mondeuses de différentes régions ne proviennent que du sol et de la culture dont les influences sont assez grandes sur ce cépage.

Les caractères essentiels sont les suivants :

Souche vigoureuse. Bourgeons écailleux, bruns, avec bourre visible d'un blanc sale. Les toutes jeunes pousses sont couvertes d'un duvet épais et blanc. Le débourrement est tardif. Les rameaux sont jaunes, violacés

vers les nœuds, et durs. Feuilles grandes,
d'un vert terne, un peu grisâtres et duve-
tées en dessous, un peu plus longues que
larges, se maculant de rouge à l'automne.
Les lobes sont très variables suivant la
vigueur et les terrains, il peut y en avoir
trois ou cinq, plus ou moins profondément
marqués, ou même, ils peuvent être presque
complètement absents. Les dents sont larges et en deux séries. La grappe est lâche,
épaulée (ailée), longue, à râfle grosse et
verte. Les grains sont variables, ellipsoïdes,
d'un bleu sombre, fortement pruinés, à
saveur astringente rarement sucrée ; les
pédicelles sont longs.

La Mondeuse demande une bonne exposition en coteau pour donner un vin accep-
table mais qui manque toujours de tanin.
Les sols calcaires, très chauds, lui conviennent le mieux.

Nous aurons à voir plus loin par quels
cépages on pourrait avantageusement remplacer la Mondeuse beaucoup trop tardive.

Remarquons encore qu'il existe une
Mondeuse blanche, appelée Blanchette, dans
l'Ain et la Savoie.

Mondeuse précoce

Nous avons rencontré à Corseaux, près Vevey, une Mondeuse précoce dont les caractères étaient identiques à ceux de la Mondeuse, sauf que sa végétation était plus faible. L'ayant donnée à examiner à M. A, Berget, celui-ci nous a écrit :

« Votre Mondeuse est bien une Mondeuse
« précoce, donc un cépage intéressant à
« étudier. Elle est bien de 8 à 10 jours
« plus avancée en maturité qu'une certaine
« Angeline ou Mondeuse précoce qu'on
« m'avait envoyée autrefois de Gy (Haute-
« Saône) mais dont je n'ai jamais pu aper-
« cevoir la précocité. J'avais recueilli, il y a
« quatre ans, dans le vignoble de Cinseaux
« (Saône-et-Loire), sous le nom de Petit
« Grand Picot (le Grand Picot est là-bas la
« Mondeuse) une variété à fruits plus petits
« et raisins plus précoces d'une quinzaine.
« Malheureusement, le mildew en a enlevé
« cette année des mannes ; je n'ai pu com-
« parer ».

Si cette Mondeuse précoce conservait sa

production en même temps que sa précocité, ce serait le remplaçant tout trouvé de notre Gros rouge tardif.

Montmélian

Sous ce nom, il faut comprendre deux cépages :

1° La Grosse Mondeuse ;
2° La Douce noire.

Les deux sont originaires de la Savoie.

On distingue, dans la Mondeuse, la Grosse et la Petite, mais les différences sont si faibles que nous renonçons à les établir.

On trouve, chez nous, de la Mondeuse appelée Montmélian, mais nous avons rencontré sous ce nom la Douce noire. La *Douce noire* a des bourgeons verdâtres et tomenteux, des rameaux cylindriques, souvent violacés par places, à vrilles rares et grêles, et à entre-nœuds plutôt courts. Les feuilles sont moyennes, à trois lobes, parfois à cinq, avec sinus supérieurs détachant bien le lobe terminal ; sinus inférieurs peu marqués ; sinus pétiolaire ouvert. La face supérieure de la feuille est d'un vert mat, l'inférieure plus pâle, légèrement duvetée, avec nervures bien saillantes; dents arrondies paraissant bordées de jaune et terminées par une petite pointe (acuminées). A l'automne, la feuille présente quelques macules rouges. Grappes assez longues, cylindriques, parfois épaulées (ailées), attachées assez long. Grains plutôt gros, ronds, bleu foncé, pruinés, donnant un vin très coloré mais assez plat et mou.

On nous a donné, dans la région de Coppet, le plant de Montmélian comme une sélection de Dole. On voit ce qu'il faut en penser.

LES GAMAYS

Les Gamays sont nombreux dans nos vignobles. Ils sont réputés donner un vin moins fin, moins bouqueté que les Pinots, ce qui est exact en général. Cependant, nous avons vu que certains Pinots n'avaient guère de recommandable que le nom (Pinot de Pernand) et nous verrons, d'autre part, que certains Gamays sont loin d'être aussi

inférieurs que le dit leur réputation passée.
Ils furent appelés, effectivement, autrefois
« infâmes » mais aujourd'hui beaucoup
d'entre eux constituent, en France, des
vignobles renommés.

Dole et Grosse Dole

Si l'on doit entendre par Dole et Dolon,
le plus souvent, des Pinots, on trouve aussi
parfois des Gamays sous le nom de Dole.
Quant à la Grosse Dole, il semble bien que
ce soit partout et toujours un Gamay, de
même que le Dolon est partout et toujours
un Pinot.

Il reste le terme de Dole qui est équivo-
que, et nous demanderions volontiers à ce
que la coutume fût consacrée de préciser et
de dire dorénavant, selon le cas, Pinot-Dole
ou Gamay-Dole.

Dans le cas de doute entre un Pinot et un
Gamay, on peut avoir recours à l'examen
des graines (pépins). Ceux des Gamays sont
violacés, à bec gros et jaune, à sommet
arrondi. Les grains des Pinots sont grisâtres
ou légèrement rougeâtres, avec le sommet
échancré. Toutefois, nous avons pu consta-

ter, sur des Pinots et des Gamays authentiques, que ce caractère ne se présentait pas
toujours avec la même netteté et que,
considéré seul, il ne suffirait pas à donner
une certitude.

Il existe, au sujet des Gamays, un pré-
jugé semblable à celui qui faisait dénier à
nos Chasselas une aptitude quelconque
comme raisins de cuve ; on a cru longtemps,
et quelques-uns croient encore, que jamais
un Gamay ne pourra donner un vin de
qualité. En 1395, on publia, en France, une
ordonnance royale pour extirper le Gamay
des vignobles où l'on trouvait qu'il prenait
une place due au Pinot. On le chargea de
tous les défauts possibles et impossibles, et
il fut exclu.

Depuis cette époque, le Gamay est rentré
en grâce, et, par une culture attentive, on
est arrivé à donner à sa descendance des
qualités telles qu'il constitue actuellement
l'un des plus riches vignobles français : le
Beaujolais.

Nous ne voulons pas pousser jusqu'à
l'exagération cette réhabilitation du Gamay,
car nous savons que, si dans certains sols
granitiques du Haut-Beaujolais il peut produire des vins comparables aux plus fins

7

d'entre ceux de la Côte-d'Or, il n'arrive
cependant pas à leur donner ce bouquet
remarquable qu'on trouve dans les vins de
Pinot. Nous ne serions nullement surpris
d'apprendre que certains vins de Dole du
Valais proviennent pour une bonne part des
Gamays végétant dans ces sols pierreux et
chauds (dits « brisés ») de la vallée du
Rhône, sols où il donne précisément son
maximum de qualité.

La trop injuste réputation du Gamay
vient beaucoup de ce qu'il est utilisé
dans de mauvaises terres et des situations médiocres. On profite ainsi de son
aptitude à fructifier dans tous les sols, et
il y fructifie en effet, mais on ne peut lui
reprocher alors un produit de qualité plutôt
inférieure.

On a rapproché la Grosse Dole du
Gamay Beaujolais, or le Gamay Beaujolais comprend toutes les sélections gar-
dant le type du Petit Gamay; c'est dire
qu'on y trouvera des Gamays à grands
rendements et des Gamays à vin de qualité.

Dans la sélection, il y a lieu de tenir
compte de la facilité vraiment très grande
avec laquelle le Gamay peut varier, et choisir

ses ceps en conséquence sans trop se préoccuper des caractères de détail. Il ne faut pas, non plus, pousser trop à la quantité car, dans ce cas, la qualité s'en ressent vivement. C'est, du reste, un cépage naturellement assez productif ; malheureusement, il craint la pourriture et c'est une raison de plus pour ne pas le placer dans les sols humides. Il redoute aussi les gelées printanières, peut-être davantage que le Pinot ; le mildiou et l'oïdium l'attaquent facilement, mais les traitements préventifs permettent de le protéger avec efficacité. Les vieux ceps de Gamay donnent beaucoup de raisins millerands, il faut donc replanter avant ce moment, d'autant plus qu'il s'épuise assez vite, surtout dans les terrains fertiles qui poussent à la végétation.

Ces quelques considérations montrent qu'ici encore il faut mettre le cépage dans le sol qui lui convient, sous peine de déception dans la qualité du produit ou la végétation des ceps. Règle générale, pour les cépages rouges, ce sera presque toujours dans les sols légers, secs et chauds, qu'ils réussiront le mieux. En de tels endroits le Gamay peut donner un vin excellent tel que le Moulin à Vent, dans le Mâconnais.

Les caractères principaux du Gamay
Beaujolais sont les suivants :

Souche assez vigoureuse, port érigé, racines grêles.

Bourgeons ordinairement accompagnés
d'un bourgeon secondaire, entourés d'un
duvet jaunâtre abondant et recouvert d'écailles brunes. Bourgeonnement vert-jaunâtre
clair, légèrement duveteux, pointe teintée
de rose, jeunes feuilles trilobées, pointues,
vert pâle. Rameau gros à la base et allant
s'amincissant, châtain clair, plus foncé vers
les nœuds, et avec quelques petites taches
noirâtres çà et là, à l'aoûtement. Mérithalles moyens, glabres, légèrement pruinés,
fortement striés ; aspect général brun rougeâtre vineux, en hiver. Feuilles adultes
moyennes, entières, trilobées et parfois
quinquelobées, sinus pétiolaire plus ou
moins aigu et plus ou moins fermé, sinus
latéraux généralement peu accentués. Limbe
mince, parcheminé, nu, lisse, d'un vert
plus clair à la face inférieure, avec quelques
poils sur les nervures ; dents courtes trian-
gulaires, mucronées ; pétiole glabre, finement strié, renflé à son point d'attache
avec le sarment ; taches rouges sur la feuille,
à l'automne, le plus souvent couvrant une

ou deux dents; défeuillaison tardive. Grappes moyennes ou petites, deux ou trois par sarment, le plus souvent cylindriques, à grains serrés; pédoncule assez court, se lignifiant en partie et se colorant comme le sarment; pédicelles courts à bourrelets verruqueux (ce caractère n'est pas constant). Grains moyens, légèrement ovoïdes, noir-violets, couverts d'une pruine abondante bleue-blanchâtre. Pulpe ferme, juteuse, jamais croquante; jus abondant à saveur sucrée. (D'après l'Ampélographie Viala et Vermorel).

Ces caractères, qui sont plus particulièrement ceux du Petit Gamay rond, peuvent varier passablement. Nous ne les résumons que pour donner un point de comparaison avec les Pinots.

Comme culture, les Gamays se trouvent bien de notre taille courte; cependant, on recommande de lui éviter des tailles en vert trop fréquentes.

Disons encore, en terminant, qu'outre le Gamay Beaujolais type, il existe des Gamays précoces, un Gamay blanc, un Gamay gris, un Gamay violet et, enfin, des Gamays dits Teinturiers.

Ermitage

MM. Viala et Vermorel (tome VII) donnent ce nom comme synonyme de Petite Syrah, mais l'Ermitage qu'on rencontre parfois chez nous est un Gamay.

La grappe est très légèrement plus grosse que celle du Petit Gamay, auquel il est identique par tous ses autres caractères.

Plant de la Loire

Dans une vigne de Plant de la Loire, nous avons trouvé un Pinot et un Gamay. On voit par là l'inconvénient de baptiser du nom de son lieu d'origine un lot de cépages qui peut renfermer des types bien différents. Ce Plant de la Loire est donc soit Gamay, soit Pinot.

Rouge de Lutry

Nous avons eu à examiner, à Lutry, une vigne dont le propriétaire nous a dit le plus grand bien. Précocité, rendement, bonne qualité du produit, tout contribuait à faire

ERMITAGE DES FAVERGES

recommander un tel cépage. Nous avions encore là un plant anonyme dont nous nous empressons de rétablir l'identité. C'était un Gamay, peut-être un peu plus précoce que le Gamay ordinaire ; nous n'avons pas très bien pu en juger sur place car l'automne 1910 était loin de favoriser les amateurs de raisins à quelque fin que ce fût ! En tout cas, rien ne s'oppose à la précocité plus grande de ce Gamay, il ne serait qu'à rapprocher en cela du Gamay de Juillet. Quant au vin, dont on a eu l'obligeance de nous donner un échantillon, il était caractéristique.

Voilà donc encore un Gamay excellent qui voyageait incognito dans nos vignobles.

Plant de Collonges-sous-Salève

C'est aussi un Gamay. Ce plant de Collonges a été apporté à la Côte par un ouvrier savoisien. Nous n'avons pas pu préciser la date de cette introduction, mais elle ne paraît pas remonter à plus d'une vingtaine d'années.

Le plant de Collonges (c'est le nom consacré) se répand avec assez de rapidité ; on

lui reproche un vin un peu clair, mais, par
contre, il est très apprécié à cause de sa
fructification abondante. Ce cépage est
actuellement très demandé pour le greffage,
à la Côte, et passe pour le meilleur de la
région. Il constitue des vignes entières à
Commugny et à Tannay.

Voici ce que dit le Dr Guyot à propos des
cépages de la Savoie [1] :

« A Collonges-sous-Salève, les cépages
« blancs sont ceux du canton de Vaud,
« maintenant ; on les a substitués aux an-
« ciens provenant sans doute de Frangy et
« de Seyssel.

« Quant aux cépages rouges, ce sont : le
« Gros rouge, dit Savoyen, mûrissant tardi-
« vement ; le plant de la Dole ou Cortaillaud,
« le plant de Lyon ou Gamay, avec le Sava-
« gnin ou Petit Pineau ; puis une variété
« précoce de Pineau provenant de Zurich,
« appelé *Klewner* : c'est probablement notre
« Morillon hâtif, dit *précoce* aux environs de
« Paris ».

Ces indications sur les cépages de Collonges-sous-Salève nous font penser que ce que

[1] Dr Guyot, *Etude des Vignobles en France*, tome II.

nous appelons Plant de Collonges est au fond le Gamay dit Plant de Lyon, ce dernier étant le seul Gamay cité pour Collonges par le Dr Guyot.

Le plant de Collonges est un cépage de grand rapport, à feuilles plutôt grandes, d'un vert peu foncé et assez découpées, maculées de rouge à l'automne ; les grappes sont petites ou moyennes, à gros grains réguliers.

Ainsi que nous le disions, ce cépage tend, pour ainsi dire, à devenir exclusif dans la région de Coppet, où les anciens *Bordeaux*, *Clevner* et *Dole* ont disparu.

Sainte-Foix

Quelques viticulteurs pensent que le Sainte-Foix nous est venu des environs de Lyon. C'est là une opinion plausible, car il existe bien dans cette région un vignoble de *Sainte-Foy*.

Nous identifierons volontiers le Sainte-Foix au *Gamay de Malain*, aujourd'hui peu connu, et qui est originaire de Malain, près Dijon. Les feuilles sont celles du Gamay Beaujolais, mais la grappe est plus grosse,

cylindrique, serrée, à pédoncule fort et
ligneux à la base; les grains sont gros,
légèrement ovoïdes, quelques-uns de grosseur irrégulière; les pédicelles sont minces
et lisses, à gros bourrelet.

Ce cépage se millerande assez fréquemment. C'est un Gamay à bon rendement
dans son pays d'origine, et notre taille
courte lui convient. Il est actuellement supplanté, chez nous, par le Gamay de Collonges-sous-Salève.

Plant Robert

Le Plant Robert est très apprécié dans
les terrains extra-légers, il donne là des
récoltes plus fortes que les autres cépages
et un vin de bouteille de bonne qualité. Il
est précoce et, dès septembre, ses feuilles se
teintent de rouge. Enfin, ses grains sont
plus gros que ceux des autres rouges prin-
taniers, mais sa végétation n'est pas très
forte, quoique bonne. On se sert souvent de
ce plant Robert pour améliorer la Mondeuse.

Voici, à peu près, tous les renseignements
que nous avons pu réunir sur ce cépage qui,
de l'avis de tous, serait à répandre. Il ne

VIGNE DE PLANT ROBERT

nous reste plus qu'à dire, après G. Foëx, que c'est un Gamay.

Quant à son origine, des recherches plus complètes que les nôtres permettraient sans doute de l'établir. Son nom ne serait peut-être pas « Robert », mais « Robé », deux mots que l'accent local fait confondre facilement. « Robé » est le participe passé du verbe « rober », dans ce cas détourné de son sens français, et qui veut dire voler ou *dérober*. Le Plant Robert serait donc le « Plant dérobé ». Ce nom laisse pressentir toute une histoire.

Quoiqu'il en soit, c'est un cépage intéressant, qu'il faut se garder d'abandonner, et qui donne des résultats surprenants dans les sols particulièrement légers et secs. Il n'est pas non plus sans qualité dans les terrains compacts, puisqu'on le voit à la Plantaz du Dézalez.

Son vin est de bonne qualité et, suivant quelques connaisseurs, repose des vins supérieurs de Pinot ou de Fendant roux des meilleurs crus vaudois.

Nous nous abstiendrons de décrire ce cépage qui ne paraît pas donner lieu à des confusions suivant les régions du vignoble où on l'examine.

Ses grappes sont ramassées, pas très serrées, avec parfois un aileron auxiliaire, à pédoncule assez long et à pédicelles plutôt grêles et lisses. La feuille est le plus souvent entière, plus longue que large, à dents aiguës.

Plant de Lyon

C'est un Gamay dont on trouve quelques ceps dans notre vignoble. Il est trop peu répandu pour que nous nous y attardions. C'est un ancien cépage, non sans qualité, mais dont on a tiré des sélections plus avantageuses.

Nous avons dit que c'était lui qui avait peut-être donné naissance au « Plant de Collonges ».

Gamay de Vaux

Le Gamay de Vaux est un Gamay fin sélectionné du Gamay Beaujolais ou, plus précisément, du Gamay dit Plant de Lyon, dont nous venons de parler.

C'est un cépage encore peu répandu chez

GAMAY DE VAUX

nous, mais auquel on fait une place dans la reconstitution du vignoble.

Ses caractères sont ceux du Gamay, déjà décrit; il s'en distingue cependant par ses raisins habituellement formés de deux grappes secondaires. Sa production est moyenne ou bonne et son vin non sans finesse. Ce cépage a été classé, par Pulliat, dans les Gamays à vin de qualité.

D'après l'Ampélographie de MM. Viala et Vermorel, il serait sujet à la coulure mais, dans nos collections, il s'est très bien comporté à cet égard et les viticulteurs chez lesquels il a été multiplié ne lui ont jamais remarqué ce défaut.

Gamay Fréaux

Le Gamay Fréaux est ce qu'on appelle un Teinturier, c'est-à-dire que son jus, déjà coloré dans le grain, sert à teindre les autres vins peu chargés en couleur.

Il s'en cultive quelque peu chez nous pour colorer la Mondeuse, On nous permettra de passer rapidement sur ce cépage qui est un de ceux auxquels la taille courte convient peut-être entièrement. Le Fréaux est facile à reconnaître grâce à ses feuilles bronzées d'une façon caractéristique, métalliques pour ainsi dire, et au jus rouge de son raisin.

On pourrait, peut-être, en mettre quelques ceps au milieu des Pinots, sa maturité étant précoce. Il relèverait la couleur parfois un peu faible de nos vins sans les gâter, car sa richesse en alcool est appréciable. Malheureusement, il est fortement atteint par les gelées et coule facilement, ce qui empêchera son extension dans nos vignobles.

Son origine est assez curieuse : c'est une variation accidentelle qu'un vigneron de la Côte-d'Or a perpétuée. Et il arrive parfois que le Gamay Fréaux présente des retours brusques au type ancestral.

Le Gamay Fréaux et le Gamay dit Rouge de Bouze (qui est également un Teinturier) sont assez multipliés à Genève et en Savoie, depuis la reconstitution, mais le Fréaux peut suffire seul, à l'exclusion du Bouze, pour renforcer la couleur des vins trop clairs [1].

---

[1] Nous multiplions, à Veyrier, depuis une dizaine d'années, un Gamay à jus blanc, le Gamay de Vaux, auquel nous conseillons d'ajouter une proportion de 20 % de Gamay teinturier Fréaux ou de Gamay teinturier de Bouze. Des plantations assez importantes nous ont donné jusqu'ici toute satisfaction. J. B.

GAMAY FRÉAUX

Gamay Fréaux
(Charmont) sous
1 pied.

Depuis quelques années, la Station Viticole de Lausanne recommande, comme Teinturier, un autre cépage dont nous allons parler.

Gamay Fréaux hâtif

Ce cépage se répand peu à peu chez nous sous le nom de *Millot-Graille*. C'est du moins ainsi qu'on nous l'a désigné, or, M. Millot-Graille n'est que l'un des propagateurs de ce Teinturier en France, le véritable nom est *Gamay Fréaux hâtif*. Dans l'ignorance de son nom un viticulteur français l'avait appelé « Ultra fertile. »

Il mûrit un peu avant le Fréaux ordinaire et, étant très résistant à la coulure, ses grains sont réguliers. Son vin est très beau, d'un rouge plus franc et d'un goût plus agréable que celui du Fréaux, il serait, par contre, très légèrement moins alcoolique. La végétation du Fréaux hâtif reste faible, en raison de sa forte production, et son raisin, à pellicule mince, est très sujet à la pourriture.

On conseille de la conduire en cordons, sur un porte-greffe très vigoureux, pour en obtenir le meilleur résultat (d'après J. Roy-

Chevrier, dans l'Ampélographie Viala et Vermorel). A part ses grains réguliers et se teintant de suite après la floraison en gris noirâtre à éclat métallique, le Fréaux hâtif est semblable au Fréaux ordinaire.

Le Gamay Fréaux hâtif sera très probablement appelé, après expérience concluante, à remplacer chez nous le Gamay Fréaux et le Rouge de Bouze.

Ici se termine l'énumération des divers Gamays de nos vignobles. Comme pour les Pinots, nous n'avons pas cherché à les identifier aux multiples variétés de Gamays français. Il suffit de savoir que ce sont des Gamays pour, en indiquant le nom local, éviter toute confusion.

Portugais bleu et Limberger

On nous pardonnera de sacrifier l'unité ampélographique au profit de la concision et d'étudier deux cépages différents sous un même titre. La raison est que, sous le nom de *Portugais bleu*, on nous a montré du *Limberger* que nous avons facilement différencié par ses feuilles d'un vert gai, grandes, entières, à nervures saillantes à la face inférieure, munies de petits poils, et par ses grappes plus longues et moins serrées que celles du Portugais bleu.

La Station Viticole de Lausanne introduit du reste, dans le vignoble, un peu de Limberger, mais celui que nous avons vu n'avait pas cette origine, il provenait de France, paraît-il.

On a raison de ne pas pousser à la culture du Portugais bleu et de lui préférer le *Limberger*, peut-être un peu plus tardif, mais beaucoup plus résistant aux diverses maladies et surtout aux gelées. Son vin est de qualité moyenne ou bonne, en tout cas supérieure à celle du vin de Portugais bleu, et d'un beau rouge ardent qui le rend précieux pour les coupages. Le Limberger est destiné à relever la couleur de certains vins plutôt qu'à être consommé pur. A ce point de vue, il sera très utilement mélangé chez nous aux autres cépages dont il ne dépréciera pas la qualité. Il est du reste encore exceptionnel, mais comme il tend à se répandre avec quelque chance de succès, il est bon d'en parler avec plus de détail.

Originaire, semble-t-il, d'Autriche, d'après M. A. Berget, dans l'Ampélographie Viala et Vermorel, le Limberger ou Blaufränkische, a été souvent confondu en France avec le Portugais bleu, d'où le nom parfois employé de Portugais Leroux. Il n'est guère un peu abondant que dans le Puy-de-Dôme. Dans d'autres départements français, il est à l'essai. Par contre, on le trouve dans tous les vignobles de Zurich au Rhin et au lac de Constance ; il est assez répandu en Autriche, concurremment avec le Portugais bleu, et se cultive en grand dans le Wurtemberg.

Il ne faut pas confondre le Limberger avec le Portugais rouge, ou Rother Portugieser, qui donne un vin peu coloré.

M. Oberlin a obtenu par semis et hybridation, deux Limberger-teinturiers qui paraissent intéressants pour la viticulture.

D'après M. Schoffer, le Limberger se plairait en sols compacts. Etant très fertile et vigoureux, il lui faudra des terres profondes et bien fumées mais peut-être souffrirat-il de notre taille courte et sera-t-on obligé de recourir à un système différent tel que la taille Guyot, ou même la taille Royat avec cordon de 1 m. ½ à 2 mètres qui, d'après E. Goutay, serait celle qui lui convient le mieux. Il ne faut cependant pas s'exagérer les inconvénients qui pourraient surgir de ce côté.

Ce qu'on s'accorde à reconnaître au Limberger, c'est une fructification extrêmement abondante et régulière. Son vin est nettement supérieur à celui du Portugais bleu et sans comparaison avec celui de la Mondeuse.

Description : (d'après A. Berget, dans l'Ampélographie Viala et Vermorel) Bourgeons simples ou doubles, moyens, bruns, larges et légèrement duvetés à la base. Jeunes feuilles nues, minces, vert jaunâtre, parfois lavées de grenat, presque rondes, à dents assez aiguës. Grappes de fleurs blanches, à pédoncule rougeâtre.

Rameaux allongés, glabres, assez forts, brun-jaunâtres avec stries foncées à l'aoûtement. Feuilles grandes, planes, aussi larges que longues, épaisses, entières, ou peu sinuées dans leur jeunesse ; celles de la base sont généralement à trois lobes, avec sinus supérieurs ouverts et sinus pétiolaire fermés ; face supérieure très verte, inférieure plus claire avec nervures saillantes, munies de poils fins et courts ; dents en deux séries ; pétiole de la longueur de la feuille,

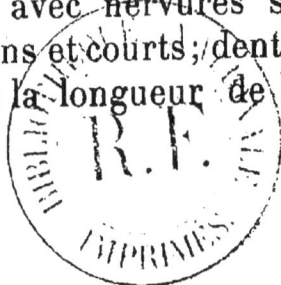

parsemé de quelques poils courts, graines
assez grosses.

Les grappes se conservent assez facilement
sur la souche sans pourrir; elles sont peu
sujettes à la coulure et mûrissent à peu près
en même temps que les Gamays, c'est-à-dire
avec nos Fendants.

On tiendra compte, pour ces divers caractères de quelques modifications possibles
dues à nos systèmes de culture et surtout à
notre taille courte

Le *Portugais bleu* vrai est cultivé en assez
grande quantité en Savoie, mélangé aussi à
du Limberger, il n'y aurait donc rien d'impossible à ce qu'il s'en trouvât aussi chez
nous, cependant celui que nous avons examiné était, ainsi que nous l'avons dit, du
Limberger.

LES BORDEAUX

Les Bordeaux sont dans les cépages rouges ce que les Plants du Rhin sont dans les
cépages blancs : multiples et dissemblables.
A Genève, on entend le plus souvent par

Bordeaux des Pinots; dans le canton de Vaud nous avons trouvé, à Aigle et à Lutry, des petits Bordeaux qui étaient des Gamays; en outre, on qualifie de Bordeaux, chez nous, les Côts et les Cabernets, d'après M. Péneveyre de la Station Viticole de Lausanne. M. J. Gagnaire, ingénieur-agricole, nous a dit aussi avoir vu des cépages de sa région (Dordogne) dans des vignes de plants de Bordeaux.

Gamays

Petit Bordeaux d'Aigle

On nous a donné ce nom comme synonyme de *Cortaillod*, c'est là une erreur car nous avons reconnu que ce Bordeaux n'était pas un Pinot. Nous le rattachons au Gamay Beaujolais, et peut-être à son ancêtre le Petit Gamay rond. Ce cépage présente de nombreux grains millerands et nous semble peu amélioré, ce qui ne veut pas dire que son vin soit médiocre, mais seulement son rendement paraît inférieur à ce qu'il pourrait être.

Le Petit Gamay rond donne un excellent vin. C'est de ce cépage que descendent les variétés sélectionnées actuelles, de meilleur rendement, connues dans la pratique sous le nom générique de Gamay Beaujolais.

Petit Bordeaux de Lutry

Ce cépage est assez semblable au Sainte-Foix, nous le rangeons comme lui dans les Gamays.

Côts

Les Côts sont appelés parfois Côts de Bordeaux ou Bourguignons noirs. On distingue, d'après la couleur des pédoncules et des pédicelles, les Côts verts et les Côts rouges. Il y a encore les Côts métissés qui sont intermédiaires.

Les Plus répandus sont les *Côts rouges*, synonymes Malbeck, Malbeck doux, Noir de Pressac. Au débourrement, les pousses sont recouvertes d'un duvet blanc et les feuilles restent assez longtemps petites, tandis que les grappes apparaissent de suite assez grosses, d'où une disproportion frappante et caractéristique. Les rameaux sont minces, cylindriques, d'un roux grisâtre, profondément striés et tachés de plaques de liège ; les arêtes des stries sont rouges, plus colorées au niveau des nœuds ; les mérithalles de la base sont légèrement duvetés. Les feuilles sont grandes, à cinq lobes séparés par des sinus ouverts, le plus souvent assez profonds ; dents aiguës, groupées en série ; limbe bullé, tourmenté, vert foncé à la face supérieure et un peu duveté à la face inférieure. Grappes moyennes, avec deux ailes ; pédoncules et pédicelles très longs, ce qui donne un aspect lâche et laisse les grains un peu espacés. Pédoncule et pédicelles se colorent assez fortement en rouge à la maturité. Les grains sont gros, sphériques, noirs pruinés, à jus incolore, et à goût sucré. Les raisins millerands font tache dans la grappe (d'après Cazeaux-Cazalet, dans l'Ampélographie Viala et Vermorel). Les Côts, autrefois très répandus dans la Gironde, sont actuellement supplantés par le Cabernet-Sauvignon dont le vin est supérieur. Les Côts sont hâtifs, mais sensibles à la pourriture si on les laisse au cep après maturité.

Nous avons multiplié le Côt rouge (dit Malbeck) à Genève et dans la Zône depuis une dizaine d'années. Nous le possédons également dans nos collections de Veyrier, au pied du Salève, et de Nant près de Vevey. Il mûrit bien sous notre climat, ce qui ne serait pas toujours le cas du Cabernet-Sauvignon, son jus est très sucré (Malbeck doux). Au point de vue de la quantité, il serait supérieur au Pinot, mais inférieur au Gamay. C'est un cépage dont il serait intéressant d'augmenter prudemment la multiplication, étant donné la douceur de son grain. Nous venons de voir que, dans la Gironde, il est supplanté par le Cabernet-Sauvignon qui donne des produits bien supérieurs comme qualité, tout en ne fructifiant pas autant. Quoique le Cabernet-Sauvignon ait assez bien mûri dans nos collections, nous le croyons un peu tardif pour beaucoup de nos expositions.

En France, on cultive avec succès le Côt rouge, comme raisin de table, sous le nom de Noir de Pressac, et nous pensons qu'il serait, ainsi que nous l'avait indiqué M. Salomon, de Thomery, parfaitement apte à être utilisé chez nous dans ce but. Il nous a donné satisfaction, à ce point de vue, planté en cordon le long des murs. Les guêpes et les oiseaux sont très friands de ce raisin qu'il faut ensacher.

Cabernets

Il y en a trois : le Cabernet-Sauvignon, le Cabernet franc et la Carmenère. Cette dernière n'est pas répandue.

Cabernet franc. — C'est un cépage vigoureux mais que le Cabernet-Sauvignon supplante progressivement. Ses bourgeons sont gros et coniques, rougeâtres, ainsi que le pourtour des feuilles. Les rameaux sont forts, finement striés et d'un roux plus ou moins foncé, légèrement grisâtre. Les feuilles sont un peu plus larges que longues, plutôt petites, à trois lobes ; les sinus latéraux sont en boucle et sont moins profonds que le sinus pétiolaire, lequel est constamment fermé ; la face supérieure des feuilles est d'un vert un peu luisant, bullée ; la face inférieure est duvetée et à nervures saillantes. Les grappes sont petites, coniques, moyennement serrées et souvent à trois ailes ; le pédoncule, fort, est rougeâtre à maturité ; les grains sont ronds et inégaux, un peu plus gros que ceux du Cabernet-Sauvignon, et à jus abondant et incolore. Le *Cabernet-Sauvignon* est moins vigoureux

que le précédent, mais plus fin, à port érigé.
Les rameaux, plutôt minces, sont rigi-
des ; ils deviennent brunâtres à l'aoûtement,
avec un peu de rose vers les nœuds. Les
feuilles sont minces, rondes, plates ou tour-
mentées, à cinq lobes débordant les uns sur
les autres et donnant à ce cépage une phy-
sionomie bien caractéristique ; le sinus pétiolaire est ouvert ; les lobes sont terminés
en pointe et les dents, obtuses et larges,
sont irrégulières ; la face supérieure des
feuilles est bullée, l'inférieure, d'un vert
moins foncé, est glabre, à nervures saillantes ; le pétiole est court, renflé à la base,
et d'un rouge violacé. Les grappes sont
moyennes, plutôt petites, peu ailées, à pédoncule assez long et rougeâtre ; pédicelles
plus clairs, très courts et ramifiés ; grains
serrés, ronds, inégaux, petits, d'un bleu
noir pruiné ; jus incolore, doux et parfumé.
Le Cabernet-Sauvignon donne un vin d'excellente qualité et qui fait la réputation des
crus du Médoc. C'est un cépage demandant
la taille longue ; cependant, dans les terrains
secs et maigres, on peut lui appliquer la
taille courte. Dans ces sols, il résiste bien
à la sécheresse et développe au plus haut
point ses qualités vinifères ; dans les terres

froides, au contraire, son vin perd beaucoup de sa finesse.

Le Sauvignon résiste bien à la coulure, et moins bien aux maladies cryptogamiques ; sa maturité est assez inégale, plutôt tardive, mais il est peu sujet à la pourriture. C'est le plus répandu des Cabernets ; il tend à devenir exclusif dans tous les grands crus de la Gironde.

Nous venons de voir quels cépages on comprenait sous le nom de « Plants de Bordeaux. » Cette appellation ne correspond donc à rien de bien défini et, en cas d'achat, il faudra préciser et indiquer le nom ampélographique, si l'on ne veut pas s'exposer à des mécomptes. De même, dans la simple conversation, deux viticulteurs de régions différentes seront parfaitemement inintelligibles l'un à l'autre s'ils parlent de « plants de Bordeaux, » puisque chacun concevra sous ce nom un ou plusieurs cépages différents.

Noir de Genève

Pour terminer cette étude ampélographique, citons encore ce cépage indiqué au

vol. VII de l'Ampélographie Viala et Vermorel :

« Cépage du territoire de Vevey (Suisse),
« d'après Pulliat : feuille grande, trilobée,
« à duvet floconneux en dessous, grappe
« sur-moyenne, à grains assez gros, globu-
« leux, noirâtre, pruiné ; maturité de
« 2e époque. »

Nous avouons ignorer de quel cépage il
s'agit ici.

CONCLUSIONS

———

Nous venons de passer rapidement en revue les principaux cépages de notre canton, en les classant, autant que possible, sous leur nom ampélographique. Sans doute cet essai était intéressant à tenter, mais nous ne pensons pas qu'il doive en rester là : tel, il contient peut-être des erreurs, et certainement des omissions ; en tout cas il est incomplet. Nous nous réservons donc de revenir plus tard, et avec plus de détails, sur cette étude des cépages vaudois pour la compléter sur divers points et la rectifier sur d'autres au besoin.

Il y a un fait important que nous devons relever ici, c'est que tout ce que nous avons dit des terrains relativement à leur influence sur les cépages tombe en partie par la pra-

tique du greffage sur vignes américaines.
Toutefois, nonobstant le greffage, on doit
observer les préférences du greffon quant
au terrain. Ainsi la Mondeuse, quoique
greffée, n'a donné de vraiment bons résultats qu'en terre calcaire. Il n'y a donc pas
lieu de négliger les exigences des vignes
indigènes quant aux divers sols, mais, au
contraire, de continuer à en tenir compte,
bien que d'une façon un peu moins stricte
peut-être.

Nous ne voulons pas entrer ici dans la
question de l'influence du greffon sur le sujet, mais faisons remarquer que plusieurs
auteurs, à tendance modérée en ce qui concerne cette action spécifique, affirment qu'il
existe des greffons chlorosants et des greffons non chlorosants. Etant donné qu'il est
possible que le greffon influe, dans une certaine mesure, sur son porte-greffe, au point
de vue de la nutrition par exemple, c'est
une mesure de prudence que d'observer les
règles d'adaptation directe du greffon au
terrain. Plus tard, lorsque ces questions
seront élucidées, il sera temps de se relâ-
cher de la circonspection actuelle, selon les
indications de l'expérience.

Ceci nous amène à insister encore sur la

sélection rigoureuse à faire dans nos cépages locaux, en vue d'un produit de bonne qualité. En effet, une sélection avantageuse se trouve influencer une vaste surface, puisqu'un seul sarment donne un nombre relativement considérable de greffons. Par contre, une mauvaise sélection se trouve influencer de même une surface non moins vaste.

On voit par là quelles conséquences peut avoir une négligence blâmable dans le choix des cépages à greffer.

* *
*

Nous profitons, en terminant, de remercier encore tous ceux, et ils sont nombreux, qui ont bien voulu s'intéresser à cette étude. Nous les prions de nous continuer une aide indispensable, tout en nous excusant de ne pas savoir utiliser avec plus de science les nombreux renseignements dont ils veulent bien nous favoriser [1].

---

[1] Nous devons mentionner la collaboration efficace qu'a apporté à ce travail M. G. Baltzinger, directeur des Pépinières de Veyrier, lequel, malgré ses occupations, s'est constamment dévoué à faciliter nos recherches. Nous lui en témoignons ici notre sincère gratitude.

Les meilleurs greffons à employer dans la reconstitution du vignoble

Les quelques mots qui suivent nous paraissent le complément indispensable de la partie ampélographique de ce travail.

On a pu, par ce qui précède, se rendre compte de la grande variété de nos cépages et de leur presque inextricable enchevêtrement de noms, de caractères aussi, changeant suivant chaque région et souvent, dans la même région, selon les circonstances. Nous avons tenté de mettre un peu d'ordre dans cette confusion, et nous devons essayer maintenant d'y apporter un peu de simplicité.

Lorsqu'il veut reconstituer ses vignes détruites par le phylloxéra, le viticulteur se pose deux questions principales :

— Quel porte greffe américain emploierai-je dans mon terrain ?

— Quel greffon, c'est-à-dire quel cépage, emploierai-je qui me donne un vin d'une vente rémunératrice ?

La première question a été le sujet d'une étude toute spéciale de l'un de nous et sera l'objet d'un prochain ouvrage. Pour l'instant, c'est à la solution de la seconde question, celle du greffon, que nous allons consacrer quelques lignes.

Production du vin blanc

Par ordre décroissant de qualité nous aurons les cépages suivants :

Fendant roux.
Blanchette.
Fendant vert.
Giclet.

Les très bonnes expositions de nos vignobles se reconstituent en Fendant roux pur. Ailleurs, on y mélange un peu de Blanchette. Dans les vignobles moyens, on mêle Fendant roux et Fendant vert dans une proportion qui varie selon qu'on peut économiquement pousser plus ou moins à la qualité. Enfin, où l'on produit pour la grande consommation, on emploie le Fendant vert seul.

La seule considération qui règle l'utilisation de ces divers cépages est le prix de vente du produit : plus on est certain de vendre cher, plus on peut rechercher une qualité toujours supérieure ; or, ceci ne peut être économique que dans les très bonnes situations. Partout ailleurs, ce serait une mauvaise spéculation que de négliger la question de quantité au profit d'une qualité dont la supériorité absolue serait problématique.

Est-ce à dire qu'où l'on ne peut obtenir un vin d'une réputation certaine on doive ne s'intéresser qu'à la seule production quantitative ? Non pas ! La qualité, chez nous, doit toujours être la meilleure possible selon le vignoble et aussi selon le cépage employé ; ce que nous entendons c'est que le choix du cépage lui-même soit fait judicieusement.

Tout cela chacun le comprend facilement, mais ce à quoi chacun ne résiste pas c'est au désir de récolter beaucoup, or nous croyons que l'exagération dans ce sens exclusif est une erreur. C'est par la répétition de tels procédés qu'on arrive petit à petit à déprécier les vignobles, et nous visons ici surtout les vignobles moyens de nos cantons romands.

Une pratique recommandable est le mélange des cépages ; nous devons en **dire** quelques mots, bien que la question se résolve différemment suivant les localités.

Nous avons vu que, par une sélection constante et progressive, on arrivait à un amincissement de la pellicule des grains de raisin et que cet amincissement était peut-être
corrélatif d'une diminution dans la teneur
en tanin. La faible proportion de ce tanin
est une caractéristique de nos vins blancs.
Il y aurait donc lieu d'y prêter quelque attention, et le mélange de cépages très sélectionnés avec d'autres plus rustiques pourrait
avoir de bons effets. Ainsi, avec le Fendant
roux et surtout la Blanchette, il serait souvent d'une bonne pratique de mettre quelques ceps d'une variété plus grossière telle
que le Giclet.

Quant au rôle que pourrait jouer la Blanchette dans la reconstitution de certains
vignobles, nous ne sommes pas fixés, mais
un essai a été tenté cette année dans l'un
des bons coteaux genevois.

Il y aurait encore la question des cépages
étrangers à importer, mais nous ne saurions en nommer aucun. On pourra, à titre
de curiosité, planter du Meslier, de l'Altesse,
etc., etc., il n'en manque pas et d'excellents,
pourtant nous pensons que ceci doit être

soigneusement évité, dans la pratique courante, comme dangereux. En effet, nous ne saurions changer la nature, l'*espèce* si l'on peut dire, de nos vins auxquels le commerce s'est habitué, sans en ressentir pendant longtemps un contre coup économique peut-être désastreux. Et du reste, dans nos conditions de production et de culture, nous ne voyons rien qui pourrait remplacer en tout ou en partie nos Chasselas. Les divers Fendants que nous cultivons sont bons et s'améliorent encore, il n'y a qu'à continuer sans prétendre à l'impossible et aussi sans laisser s'avilir le renom pas universel, sans doute, mais solide de nos crus.

Production des vins rouges

C'est ici surtout qu'il faut faire le départ entre la production des vins pour la vente et la production pour l'usage domestique.

Nous avons des cépages dits Cortaillod, Salvagnin, Dole, qui sont des Pinots et dont le vin est d'excellente qualité. Ils sont tout indiqués dans les vignobles où la vente est assez rémunératrice pour faire équilibre à la production un peu faible. Cependant, il serait souvent bien préférable de revenir au type et de greffer du véritable Pinot noir, lorsqu'on serait certain qu'il provînt de vignes sélectionnées de la Bourgogne. Nous avons réalisé cet essai à Genève, où nous sommes envahis par des « Bordeaux » très vagues et très complexes.

Les Gamays ne sont pas à éliminer chez nous car ils donnent des vins non sans qualité et leur production est assez forte. On greffe beaucoup actuellement le Gamay de Vaux, et la même observation que pour les Pinots trouve ici sa place, c'est qu'il serait parfois avantageux d'avoir recours aux bons Gamays authentiques du Beaujolais plutôt que de reproduire des cépages locaux lorsque ceux-ci sont mal définis ou proviennent de vignobles médiocres.

Les sous-variétés locales, telles que le Plant Robert, par exemple, peuvent s'utiliser dans les situations spéciales qui leur conviennent.

Pour la boisson du ménage, on cultive la Mondeuse. Sa qualité est de produire beaucoup, mais c'est la seule. Son vin arrive exceptionnellement à être apprécié, généralement il est exécrable, disons le mot.

Dans le canton de Vaud on utilise les

lignes de bordures pour la consommation personnelle et ces bordures sont fréquemment complantées en Mondeuse. On pourrait, sans autre inconvénient, la remplacer par le Limberger de même que par le Bequignol ou Fer. Ce dernier cépage, encore inconnu chez nous, se trouve dans le département de la Dordogne et du Lot et Garonne; il paraît originaire de la Gironde. Son vin léger, peu coloré, peut être mélangé avec d'autres vins plus durs et plus verts. Pour ce motif, il pourrait entrer en petite proportion dans les vignobles à vins communs, où il fournirait un secours appréciable dans les années à maturité tardive et à faible production. Toutefois son introduction en grand dans nos vignobles serait une faute. Ce cépage nous a paru intéressant à signaler ici; nous l'avons vu se bien comporter conduit en taille courte, à Corsier (Vaud), et en taille longue, à Veyrier (Genève). Il résiste bien aux divers parasites et ne se montre sensible qu'à l'oïdium. De plus il possède, nous l'avons constaté, une bonne affinité pour le Riparia Rupestris 3309.

Nous ne voulons pas insister davantage sur ce cépage pour l'instant, nous en parlerons avec plus de détails si nous avons

GAMAY ROUGE DE BOUZE

l'occasion d'exposer différents résultats des vignes d'essai de Corsier et de Veyrier.

On a parfois recours aux cépages dits teinturiers. Ici le choix nous paraît facile : Le Gamay Fréaux et surtout le Gamay Fréaux hâtif sont à peu près seuls recommandables.

Quant au Portugais bleu, au Teinturier mâle et Teinturier femelle, il sont à éviter.

Le Gamay dit Rouge de Bouze et le Gamay Fréaux ont donné de bons résultats mais le Fréaux hâtif leur semble préférable. Dans tous les cas, aucun Teinturier ne doit être dominant dans une vigne, ou même en trop forte proportion, sous peine de voir la qualité de son vin baisser plus qu'il ne serait désirable.

Disons, en terminant, que nous pensons que la pratique doit s'efforcer, dans cette question des cépages, de se limiter à des types bien définis et peu nombreux. Ce sera la meilleure manière de donner à nos vins des caractères nets et constants que beaucoup de crus ont acquis déjà et auxquels tous peuvent arriver, au moins pour les vignobles dignes de ce nom.

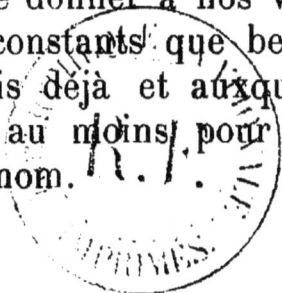

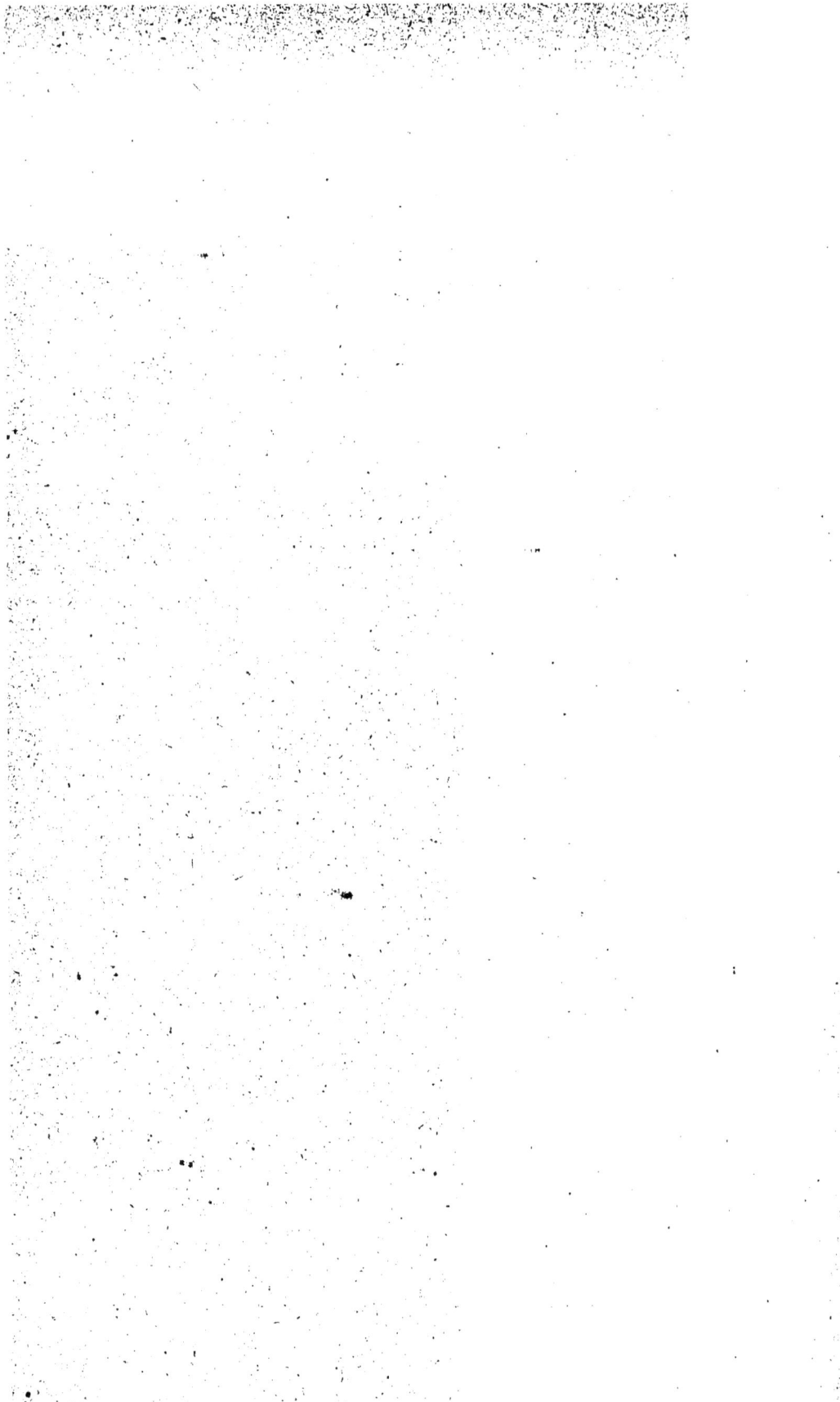

LISTE ALPHABÉTIQUE DES CÉPAGES

TABLE DES FIGURES

AUTEURS CONSULTÉS OU CITÉS

BAUP A. — Mémoire sur la culture des vignes de la Côte (1818).

BERGET A. — Lettres personnelles et Ampélographie Viala et Vermorel.

BLANCHET R. — Essai sur l'art de tailler la vigne.

BLANCHOUD J.-L. — Traité sur la culture de la vigne (1851).

BRUN-CHAPPUIS. — Traité sur la culture de la vigne.

CADORET A. — La vigne dans le Valais (*Progrès agricole*, 1900).

CARRIÈRE E.-A. — La vigne.

COLUMELLE. — De re rustica.

Chronique agricole du canton de Vaud *(passim)*.

CHUARD et SEILER. — Contribution à l'étude des vins vaudois.

DURAND E. — Lettres personnelles et Ampélographie Viala et Vermorel.

FAES H., Dr. — Lettres personnelles.

FAES et F. PENEVEYRE. — Guide pratique pour la reconstitution du vignoble vaudois (Duvoisin, édit., Lausanne, 1906).

GUILLON J.-M. — Etude générale de la vigne (Masson et Cie, édit., Paris, 1905).

GUYOT J., Dr. — Etude des vignobles en France (G. Masson, édit., Paris, 1876).

Journal d'Agriculture Suisse (No 9, 1908).

Lenoir. — Culture de la vigne en France.

Naef Albert, historien. — Lettres personnelles.

Notes sur les moyens de propager par le provigne-
ment les meilleures espèces de plants *(anonyme)*.

Olivier de Serres. — Le Théâtre de l'Agriculture et
le Ménage des champs.

Perraud J. — Ampélographie des cépages de l'Isère
(Progrès agricole et viticole, 1897).

Planchon J.-E. — Monographie des Amplidées vraies
(Monographiæ phanerogarum). A. et C. de Can-
dolle, G. Masson, édit., Paris, 1887).

Progrès agricole et viticole (passim).

Pulliat V. — Rapport sur les études ampélographiques faites en 1872.

— Description et synonymie de mille variétés de
vignes.

Reymondin. — L'art du vigneron (1798).

Rosavenda J. (Cte de). — Essai d'Ampélographie
universelle (Delahaye et Lecrosnier, édit., Paris,
1887).

Rosier, Chaptal et Parmentier. — Histoire naturelle
de la vigne.

Statistique agricole du canton de Vaud (1908).

Stoltz J.-L. — Ampélographie rhénane (Risler,
édit., Mulhouse, 1852).

Viala et Vermorel. — Ampélographie (Masson et Cie,
édit., Paris, 1909).

TABLE DES MATIÈRES

IIᵉ Partie
Les cépages rouges

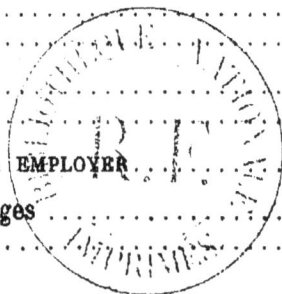